石油炼化岗位员工基础问答

催化加氢装置基础知识

丁传芹　编

石油工业出版社

内 容 提 要

本书以知识问答的形式介绍了催化加氢工艺的基本概念，主要包括加氢过程发生的化学反应、催化剂、操作参数、工艺流程，以及主要设备等方面的基础知识。

本书可供广大炼化企业的员工使用，也可作为高校相关专业学生生产实习的辅助教材。

图书在版编目（CIP）数据

催化加氢装置基础知识／丁传芹编 .—北京：石油工业出版社，2025.4.—（石油炼化岗位员工基础问答）.
ISBN 978-7-5183-7176-1

Ⅰ.TE624.4-44

中国国家版本馆 CIP 数据核字第 2024GG7260 号

出版发行：石油工业出版社
　　　　（北京安定门外安华里 2 区 1 号　100011）
　　网　址：www.petropub.com
　　编辑部：(010) 64243881　图书营销中心：(010) 64523633
经　　销：全国新华书店
印　　刷：北京中石油彩色印刷有限责任公司

2025 年 4 月第 1 版　2025 年 4 月第 1 次印刷
850×1168 毫米　开本：1/32　印张：4.125
字数：80 千字

定价：30.00 元
（如出现印装质量问题，我社图书营销中心负责调换）
版权所有，翻印必究

序

  石油是当今世界最重要的一次能源,是国民经济和国防建设中不可缺少的物资之一,占世界能源消费结构的 35% 左右和全世界运输能源消费结构的 90% 以上,在国民经济中占有举足轻重的地位。随着石油工业的快速发展,炼油化工技术不断发展,炼油化工行业急需大量既掌握炼油基础理论知识、又拥有丰富生产实践经验的一线操作人员、技术人员和管理人员。为了提高炼油化工企业职工的基础理论和专业技术水平,造就一大批有理论、懂技术的专业职工队伍,需要大量石油炼化基础知识方面的工具书,《石油炼化岗位员工基础问答》丛书的出版可以大大丰富相关领域的图书品种。

  该丛书在内容上涵盖了炼油化工行业大部分工艺装置,其最大特点是以介绍基础理论知识为主线,理论与实践相结合,可使从事炼油化工相关工作的专业技术人员对炼油化工基础知识有一个比较深入、全面的了解。在普及炼油化工技术知识的同时,提高职工队伍的整体素质。

  该丛书的内容按照石油加工流程所涉及的装置分为《常减压蒸馏装置基础知识》《催化裂化装置基础知识》

《延迟焦化装置基础知识》《催化加氢装置基础知识》《催化重整装置基础知识》以及《石油及石油产品基础知识》等，每本书都以问答的形式系统地介绍了相关专业领域的基础理论知识，对了解石油及其产品，以及油品生产加工装置的基本概念、原理、工艺过程、影响因素等具有重要的帮助作用。

该丛书不但适合炼油化工行业的相关从业人员作为培训教材及装置技术比武的参考资料，而且还可作为石油院校相关专业学生的专业实习参考用书。另外，对炼油化工行业以外的科技人员及民众了解石油产品及其加工过程也有重要的参考作用，出版价值较高。

前　言

　　加氢精制广泛应用于汽油、柴油等石油产品的精制，以提高油品的质量和使用性能；加氢裂化将重质油转化为轻质油，获得更高比例的轻质产品。为了使广大炼油化工企业员工以及相关院校学生能够快速熟悉和掌握加氢工艺的相关基础理论知识，组织编写了本书。

　　本书采用问答的形式介绍加氢精制和加氢裂化工艺的基本概念、原料和产品、主要化学反应及其影响因素、催化剂、常见工艺流程以及主要设备等。本书所涉及概念和知识，尽量科学标准、通俗易懂。本书可作为企业生产技术人员和操作人员培训、技术考级、技术练兵和技能比武的基础理论教材，也可以作为相关院校学生学习相关工艺的辅助教材。

　　本书在编写过程中得到了中国石油大学（华东）化学化工学院各位老师的大力支持和帮助，在此表示衷心的感谢。感谢刘煜提供封面图片。由于编者水平有限和经验不足，书中难免存在不足之处，敬请读者批评指正。

编　者

目 录

第一章 加氢过程主要反应 ································ 01
  1. 什么是催化加氢？ ································ 01
  2. 炼厂有哪些加氢过程？ ···························· 01
  3. 什么是加氢精制？ ································ 01
  4. 加氢精制的原料有哪些？ ·························· 01
  5. 加氢精制过程中各种反应的难易程度是怎样的？ ····· 02
  6. 油品中主要有哪些含硫化合物？ ···················· 02
  7. 油品中含硫化合物如何分布？ ······················ 02
  8. 含硫化合物如何进行加氢反应？ ···················· 03
  9. 环状硫化物和链状硫化物哪种脱除硫更难？ ·········· 04
  10. 硫化物加氢反应活性顺序是怎样的？ ··············· 05
  11. 噻吩类化合物加氢反应活性顺序是怎样的？ ········· 05
  12. 氮化物对油品有什么影响？ ······················· 05
  13. 石油馏分中的氮化物主要有哪些？ ················· 05
  14. 各族氮化物反应能力如何？ ······················· 06
  15. 氮化物如何进行加氢反应？ ······················· 06
  16. 单环化合物加氢脱氮的规律是怎样的？ ············· 08
  17. 石油馏分中有哪些含氧化合物？ ··················· 08
  18. 含氧化合物如何进行氢解反应？ ··················· 08
  19. 硫化氢的存在对脱氮反应有什么影响？ ············· 09
  20. 油品中可能含哪些金属？ ························· 09
  21. 脱金属反应对催化剂有什么影响？ ················· 09

22. 加氢过程中不饱和烃如何反应？ …………………………… 10
23. 芳烃如何进行加氢反应？ ……………………………………… 10
24. 芳烃加氢反应受什么因素影响？ ……………………………… 11
25. 芳烃的存在对柴油性质有什么影响？ ………………………… 11
26. 各类加氢反应难度有什么不同？ ……………………………… 11
27. 什么是加氢裂化？ ……………………………………………… 11
28. 加氢裂化的原料和产物主要包括哪些？ ……………………… 12
29. 渣油加氢裂化与馏分油加氢裂化有何不同？ ………… 12
30. 加氢裂化过程包括哪些化学反应？ …………………………… 12
31. 烃类加氢裂化反应由什么因素决定？ ………………………… 12
32. 烷烃如何进行加氢裂化？ ……………………………………… 13
33. 烷烃加氢裂化的反应速率与烷烃分子量是否有关？ … 13
34. 烷烃加氢裂化深度和产品组成与什么因素有关？ …… 13
35. 单环环烷烃如何发生加氢裂化反应？ ………………………… 13
36. 双环环烷烃如何发生加氢裂化反应？ ………………………… 14
37. 多环环烷烃如何发生加氢裂化反应？ ………………………… 14
38. 芳烃如何进行加氢裂化反应？ ………………………………… 14
39. 裂化产物中芳烃的饱和程度由什么决定？ …………………… 14
40. 烷基芳烃如何进行加氢裂化反应？ …………………………… 15
41. 加氢裂化产物有哪些特点？ …………………………………… 15
42. 加氢裂化遵循什么反应机理？ ………………………………… 15
43. 加氢裂化在产品分布及质量上有哪些优势？ ………… 16
44. 什么是饱和蒸气压？ …………………………………………… 16
45. 什么是馏程？ …………………………………………………… 17
46. 如何测定馏程？ ………………………………………………… 17
47. 汽油的馏程指标有哪些？ ……………………………………… 18
48. 为什么要控制柴油的馏程？ …………………………………… 18

49. 柴油的馏程指标是多少? ………………………… 19
50. 为什么要控制柴油的凝点? ……………………… 19
51. 为什么要控制航空煤油 98% 点温度? …………… 19
52. 加氢裂化航空煤油质量特点是什么? …………… 20
53. 抗氧化剂的作用是什么? ………………………… 20

第二章 加氢过程的催化剂……………………………… 21

1. 什么是催化剂? …………………………………… 21
2. 什么是催化剂的选择性? ………………………… 21
3. 什么是多相催化反应? …………………………… 22
4. 多相催化反应分为几个步骤? …………………… 22
5. 加氢催化剂主要有哪几个系列? ………………… 22
6. 催化剂的化学结构按其催化作用分为哪几类? … 23
7. 加氢精制催化剂的活性组分有哪些? …………… 23
8. 对催化剂活性组分的含量有什么要求? ………… 24
9. 加氢精制催化剂的助剂有什么作用? …………… 24
10. 结构性助剂的作用是什么? ……………………… 24
11. 调变性助剂的作用是什么? ……………………… 24
12. 催化剂的载体具有哪些作用? …………………… 24
13. 加氢精制催化剂的载体分为几类? ……………… 25
14. 加氢裂化催化剂有什么特点? …………………… 25
15. 加氢裂化催化剂按活性分为几种? ……………… 25
16. 加氢裂化催化剂的载体分为几类? ……………… 25
17. 如何体现加氢裂化催化剂的双功能? …………… 25
18. 影响催化剂活性的因素有哪些? ………………… 26
19. 催化剂有哪些外形结构? ………………………… 26
20. 如何评价催化剂的强度? ………………………… 26
21. 什么是催化剂的比表面积? ……………………… 27

22. 催化剂的平均孔径对反应有何影响？ …………… 27
23. 什么是催化剂的孔体积？ ………………………… 28
24. 什么是催化剂的堆积密度？ ……………………… 28
25. 催化剂应具备哪些稳定性？ ……………………… 28
26. 开工时为什么要对催化剂进行干燥？ …………… 28
27. 加氢催化剂为什么要进行预硫化？ ……………… 29
28. 催化剂如何进行预硫化？ ………………………… 29
29. 哪些条件影响硫化效果？ ………………………… 29
30. 硫化温度如何影响硫化效果？ …………………… 30
31. 为什么要避免金属氧化物热氢还原？ …………… 30
32. 干法硫化的过程是怎样的？ ……………………… 31
33. 湿法硫化的过程是怎样的？ ……………………… 31
34. 什么是催化剂的预湿？ …………………………… 32
35. 预硫化用的硫化剂有哪些？ ……………………… 32
36. 什么是催化剂失活？ ……………………………… 32
37. 催化剂失活有几种情况？ ………………………… 33
38. 什么是催化剂中毒？ ……………………………… 33
39. 加氢深度脱硫与催化剂失活的关系是什么？ …… 34
40. 什么是催化剂结焦？ ……………………………… 34
41. 什么是催化剂烧结？ ……………………………… 34
42. 什么是催化剂的再生？ …………………………… 34
43. 催化剂怎样再生？ ………………………………… 35
44. 水蒸气存在下再生催化剂有何特点？ …………… 35
45. 催化剂再生过程中需要控制哪些因素？ ………… 35
46. 哪些因素影响加氢裂化催化剂使用？ …………… 35
47. 导致催化剂生焦率上升的因素有哪些？ ………… 36
48. 原料性质如何影响催化剂寿命？ ………………… 36

第三章 加氢装置工艺参数及影响因素 …… 38
1. 影响加氢反应的主要因素有哪些？ …… 38
2. 原料油性质对加氢精制有什么影响？ …… 38
3. 原料馏程对加氢裂化操作有什么影响？ …… 38
4. 哪些原料指标影响加氢裂化转化率？ …… 39
5. 为什么要进行柴油加氢精制？ …… 39
6. 柴油产品为何要控制含硫量？ …… 40
7. 加氢精制的反应深度由什么决定？ …… 40
8. 反应温度对加氢精制反应有什么影响？ …… 41
9. 加氢精制的温度一般在什么范围？ …… 41
10. 反应温度对加氢裂化反应有什么影响？ …… 41
11. 加氢裂化的温度一般在什么范围？ …… 41
12. 反应温度对加氢脱芳烃有什么影响？ …… 42
13. 为什么要控制床层温度？ …… 42
14. 如何控制床层温度？ …… 43
15. 为什么要尽可能控制反应床层入口温度相等？ …… 43
16. 如何计算反应器床层温升？ …… 43
17. 加权平均床层温度的定义是什么？ …… 43
18. 径向温差对反应操作有什么影响？ …… 44
19. 催化剂床层形成热点的原因是什么？ …… 45
20. 反应压力对加氢精制有什么影响？ …… 45
21. 反应压力对加氢裂化有什么影响？ …… 46
22. 加氢裂化采用的压力大约是多少？ …… 46
23. 反应压力对芳烃加氢有什么影响？ …… 46
24. 监测反应器压差有什么意义？ …… 47
25. 导致催化剂床层压力降增加的因素有哪些？ …… 47
26. 加氢精制的氢气来自哪里？ …… 48

27. 循环氢中硫化氢浓度对加氢脱芳烃有什么影响？ …… 48
28. 氢分压是怎样计算的？ …………………………… 48
29. 为什么要保证足够的氢分压？ …………………… 48
30. 有哪些途径可提高氢分压？ ……………………… 49
31. 什么是空速？ ……………………………………… 49
32. 空速对加氢精制有什么影响？ …………………… 50
33. 空速对加氢裂化有什么影响？ …………………… 50
34. 加氢过程的空速一般在什么范围？ ……………… 50
35. 什么是氢油比？ …………………………………… 51
36. 氢油比对加氢过程有什么影响？ ………………… 51
37. 加氢过程氢油比在什么范围？ …………………… 51
38. 影响循环氢流量的因素有哪些？ ………………… 52
39. 影响循环氢纯度的因素有哪些？ ………………… 52
40. 如何判断反应转化率？ …………………………… 53
41. 冷氢的作用是什么？ ……………………………… 53
42. 如何调节冷氢量？ ………………………………… 53
43. 影响冷氢量的因素有哪些？ ……………………… 54
44. 什么是氢耗？影响氢耗的因素有哪些？ ………… 54
45. 什么是化学氢耗？ ………………………………… 55
46. 什么是溶解氢？ …………………………………… 55
47. 什么是泄漏氢气损耗？ …………………………… 55
48. 为什么控制高压空冷入口温度？ ………………… 56
49. 为什么控制高压空冷出口温度？ ………………… 56
50. 脱硫化氢汽提塔顶注入缓蚀剂的目的是什么？ … 56
51. 缓蚀剂的作用机理是什么？ ……………………… 57
52. 稳定塔的作用与主要任务是什么？ ……………… 57
53. 如何选择稳定塔进料位置？ ……………………… 57

54. 稳定塔顶温度对产品质量有什么影响？·············· 57
55. 稳定塔底温度对产品质量有什么影响？·············· 58
56. 稳定塔的压力控制应以什么为准？················· 58

第四章 典型加氢工艺流程·························· 59
  1. 加氢精制装置由哪几部分组成？··················· 59
  2. 原料油带水对催化剂有什么影响？·················· 59
  3. 怎样处理原料油严重带水问题？··················· 60
  4. 进料加热炉的作用是什么？······················ 60
  5. 什么是炉前混氢？···························· 60
  6. 两相流的加热炉如何考虑流速？··················· 61
  7. 加热炉内的两相流有几种流型？··················· 61
  8. 炉前混氢的难点是什么？······················· 61
  9. 炉前混氢有什么优点？························ 61
 10. 什么是炉后混氢？··························· 62
 11. 炉后混氢有什么优点？······················· 62
 12. 炉后混氢有什么缺点？······················· 62
 13. 单相流的加热炉如何考虑流速？·················· 63
 14. 冷氢作为冷却介质有哪些优点？·················· 63
 15. 为什么要在反应产物进入冷却器前注入高压洗涤水？··· 63
 16. 反应停止注水后反应深度如何变化？················ 64
 17. 高压分离器的作用是什么？····················· 64
 18. 冷高分和热高分的流程是什么？·················· 64
 19. 循环氢系统起到什么作用？····················· 65
 20. 生成油汽提塔有什么作用？····················· 65
 21. 重油加氢原料指哪些油？······················ 65
 22. 重油加氢工艺分为几类？······················ 65
 23. 重油加氢的目的是什么？······················ 66

24. 加氢裂化有哪些工艺流程？ ················ 66
25. 固定床一段加氢裂化工艺的特点是什么？ ······ 66
26. 固定床一段加氢裂化有几种操作方案？ ········ 66
27. 固定床一段加氢裂化适用于哪些情况？ ········ 67
28. 固定床两段加氢裂化工艺的特点是什么？ ······ 67
29. 两段加氢裂化有几种操作方案？ ············ 68
30. 两段加氢精制反应器中主要有哪些反应？ ······ 68
31. 两段加氢裂化流程适用于哪些情况？ ·········· 68
32. 固定床串联加氢裂化工艺的特点是什么？ ······ 69
33. 固定床串联加氢裂化流程有什么优点？ ········ 69
34. 什么是沸腾床加氢裂化？ ·················· 70
35. 什么是悬浮床加氢裂化？ ·················· 70
36. 我国柴油加氢精制工艺有哪些？ ············ 70

第五章　加氢工艺主要设备 ················ 74

1. 加氢原料油为什么要过滤？ ················ 74
2. 自动反冲洗过滤器有什么作用？ ············ 74
3. 原料油缓冲罐的作用是什么？ ·············· 74
4. 什么是管式加热炉？ ······················ 75
5. 加热炉的主要工艺指标是什么？ ············ 75
6. 加热炉中的传热方式有哪几种？ ············ 75
7. 什么是对流传热？ ························ 75
8. 什么是对流室？ ·························· 75
9. 什么是辐射传热？ ························ 76
10. 什么是辐射室？ ·························· 76
11. 什么是炉管表面热强度？ ·················· 76
12. 影响炉管表面热强度的因素有哪些？ ·········· 76
13. 烟囱的作用是什么？ ······················ 76

14. 加热炉烟囱温度对加热炉有什么影响？ ………… 77
15. 烟道挡板的作用是什么？ ………………………… 77
16. 加热炉烟囱抽力是怎样产生的？ ………………… 77
17. 什么是自然通风加热炉？ ………………………… 78
18. 什么是强制通风加热炉？ ………………………… 78
19. 什么是负压？加热炉炉膛负压通常为多少？ …… 78
20. 有哪些烟气余热回收方式？ ……………………… 78
21. 空气预热器的作用是什么？ ……………………… 78
22. 热管式空气预热器的原理是什么？ ……………… 79
23. 什么是实际空气用量？ …………………………… 79
24. 什么是理论空气用量？ …………………………… 79
25. 什么是过剩空气系数？ …………………………… 80
26. 过剩空气系数受什么因素影响？ ………………… 80
27. 入炉空气量对操作有什么影响？ ………………… 81
28. 什么是高发热值和低发热值？ …………………… 81
29. 什么是加热炉的热负荷？ ………………………… 81
30. 如何计算加热炉热效率？ ………………………… 81
31. 如何提高加热炉热效率？ ………………………… 82
32. 控制炉膛温度有什么意义？ ……………………… 82
33. 什么是加热炉回火？ ……………………………… 82
34. 对加热炉的炉墙外壁温度有什么要求？ ………… 83
35. 什么是二次燃烧？ ………………………………… 83
36. 加热炉为什么不允许冒黑烟？ …………………… 83
37. 影响炉出口温度的主要因素有哪些？ …………… 83
38. 加热炉炉管结焦现象包括哪些？ ………………… 83
39. 哪些原因会造成炉管结焦？ ……………………… 84
40. "三门一板"和转油线指什么？ ………………… 84

41. 水平管双面辐射炉有哪些特点？	84
42. 如何调节循环氢压缩机的转速？	85
43. 高压换热器密封结构的特点是什么？	85
44. 冷换设备开工和停工时步骤有什么不同？	86
45. 换热器在使用中有哪些注意事项？	86
46. 加氢精制多采用哪种反应器？	87
47. 加氢反应器应满足哪些要求？	87
48. 什么是固定床反应器？	88
49. 固定床加氢反应器内部结构由几部分组成？	88
50. 反应器入口扩散器的作用是什么？	88
51. 固定床反应器有哪些优点？	89
52. 固定床反应器有哪些缺点？	90
53. 什么是沸腾床？	90
54. 沸腾床反应器有哪些优点？	91
55. 沸腾床反应器有哪些缺点？	92
56. 什么是悬浮床反应器？	92
57. 精馏的原理是什么？	92
58. 精馏有哪些必要条件？	93
59. 精馏塔各部位的名称是什么？	93
60. 什么是塔板效率？	93
61. 精馏塔进料有几种热状态？	93
62. 塔内回流的作用是什么？	94
63. 按取热方式不同回流分为几种？	94
64. 回流比的大小对分馏效果有什么影响？	94
65. 什么是中段回流？	95
66. 中段回流有哪些优缺点？	95
67. 什么是板式塔？	95

68. 什么是液泛？ …………………………………………… 96
69. 如何防止液泛现象？ …………………………………… 96
70. 什么是雾沫夹带？ ……………………………………… 96
71. 什么是漏液？ …………………………………………… 97
72. 塔板上气液如何接触？ ………………………………… 97
73. 浮阀塔的工作原理是什么？ …………………………… 97
74. 如何表示塔板负荷性能？ ……………………………… 97
75. 什么是填料塔？ ………………………………………… 98
76. 为什么有的填料塔会分段？ …………………………… 99
77. 填料塔有哪些优缺点？ ………………………………… 99
78. 填料塔有哪些流体力学特性？ ………………………… 99
79. 如何合理选用填料塔与板式塔？ ……………………… 100
80. 什么是过汽化率？ ……………………………………… 101
81. 怎样计算过汽化率？降低塔的过汽化率的主要措施
　　是什么？ ………………………………………………… 101
82. 如何确定分馏塔的塔顶温度？ ………………………… 102
83. 分馏塔顶压力变化对产品质量有什么影响？ ………… 102
84. 为什么要控制分馏塔底温度？ ………………………… 103
85. 汽提塔有哪几种汽提方式？ …………………………… 103
86. 什么是泵的流量？ ……………………………………… 103
87. 什么是泵的扬程？ ……………………………………… 104
88. 什么是泵的流速？ ……………………………………… 104
89. 离心泵发生汽蚀时会造成什么不良影响？ …………… 105
90. 防止离心泵出现汽蚀现象的方法有哪些？ …………… 105
91. 离心泵抽空有什么危害？ ……………………………… 106
92. 离心泵出口管线单向阀有几种型式？ ………………… 106
93. 如何调节离心泵的流量？ ……………………………… 106

94. 怎样区别各种类型泵？ …………………………………… 106
95. 什么是离心式压缩机？ …………………………………… 107
96. 离心式压缩机有哪些优缺点？ …………………………… 107
97. 什么是离心式压缩机特性曲线？ ………………………… 108
98. 离心式压缩机的转子由哪些零件组成？ ………………… 108
99. 离心式压缩机包括哪些静子元件？ ……………………… 109
100. 离心式压缩机发生喘振的特征是什么？ ………………… 110
101. 引起离心式压缩机喘振的原因是什么？ ………………… 110
102. 什么是往复式压缩机？ …………………………………… 110
103. 什么是往复式压缩机的名义压缩比？ …………………… 111
104. 往复式压缩机为何要设立分液罐？ ……………………… 111
105. 往复式压缩机活塞与活塞杆的连接方式有哪几种？ …… 111
106. 活塞式压缩机有哪些优缺点？ …………………………… 111
107. 往复机常用哪几种形式填料函？ ………………………… 111
108. 汽轮机的工作原理是什么？ ……………………………… 112
109. 汽轮机可分为哪几类？ …………………………………… 112
110. 汽轮机结构由哪几部分组成？ …………………………… 112
111. 汽轮机轴封的作用是什么？ ……………………………… 113
112. 汽轮机调速器的作用是什么？ …………………………… 113
113. 什么是汽轮机调速系统的静态特性曲线？ ……………… 113
114. 什么是汽轮机转子的惰走？ ……………………………… 113

参考文献 ………………………………………………………… 114

第一章　加氢过程主要反应

1．什么是催化加氢？

答：催化加氢是石油馏分在催化剂体系中、有氢气存在下的油品加工过程的统称。

2．炼厂有哪些加氢过程？

答：炼厂主要采用加氢精制和加氢裂化两大类加氢过程。此外，还有专门用于某种生产目的的加氢过程，如加氢处理、临氢降凝、加氢改质、润滑油加氢等。

3．什么是加氢精制？

答：加氢精制是石油产品最重要的精制方法之一。指在氢压和催化剂存在下，使油品中的硫、氧、氮等有害杂质转变为相应的硫化氢、水、氨而除去，并使烯烃和二烯烃加氢饱和、芳烃部分加氢饱和，有机金属化合物发生氢解反应，以提高油品的质量。主要反应包括加氢脱硫、脱氮、脱氧及脱金属。

4．加氢精制的原料有哪些？

答：加氢精制的原料有重整原料、汽油、煤油、柴油、各种中间馏分油、重油及渣油。

5. 加氢精制过程中各种反应的难易程度是怎样的？

石油馏分中通常同时存在含硫、含氮和含氧化合物，一般认为脱硫反应最易进行，因为加氢脱硫存在氢解和加氢两条途径，部分硫化物无须对芳环饱和而直接脱硫，故反应速率大、耗氢小；含氧化合物与含氮化合物类似，需先加氢饱和，然后C—O键和C—N键断裂。

6. 油品中主要有哪些含硫化合物？

答：油品中主要是硫醇、硫醚、二硫化物、噻吩、苯并噻吩和二苯并噻吩（硫芴）等含硫化合物。

7. 油品中含硫化合物如何分布？

答：硫醇通常集中在低沸点馏分中，随着沸点的上升硫醇含量显著下降，>300℃的馏分中几乎不含硫醇；硫醚存在于中沸点馏分中，300～500℃馏分的硫化物中，硫醚可占50%，重质馏分中，硫醚含量一般下降；二硫化物一般存在于110℃以上馏分中，在300℃以上馏分中其含量无法测定；杂环硫化物是中沸点馏分中的主要硫化物。沸点在400℃以上的杂环硫化物，多属于单环环烷烃衍生物，多环衍生物的浓度随分子环数增加而下降。

8. 含硫化合物如何进行加氢反应？

答：在加氢精制条件下，石油馏分中的硫化物进行氢解，转化成相应的烃和硫化氢，从而硫杂原子被脱掉。

其中，硫醇加氢时发生 C—S 键断裂，硫以硫化氢形式脱除：

$$RSH + H_2 \longrightarrow RH + H_2S$$

硫醚加氢时首先生成硫醇，再进一步脱硫：

$$RSR' + H_2 \longrightarrow R'SH + RH$$
$$\downarrow H_2$$
$$R'H + H_2S$$

二硫化物加氢反应转化为烃和硫化氢，要经过生成硫醇的中间阶段，即首先在 S—S 键上断开，生成硫醇，再进一步加氢生成烃和硫化氢；中间生成的硫醇也能转化成硫醚：

$$RSSR + H_2 \longrightarrow 2RSH \xrightarrow{H_2} 2RH + H_2S$$
$$\downarrow$$
$$RSR + H_2S$$

噻吩与四氢噻吩的加氢反应首先是杂环加氢饱和，然后是 C—S 键断裂（开环）生成硫醇；中间产物有丁二烯生成，并且很快加氢成丁烯；最后加氢成丁烷和硫化氢，反应如下：

$$\text{[噻吩]} + H_2 \longrightarrow \text{[二氢噻吩]} \xrightarrow{H_2} C_4H_9SH \xrightarrow{H_2} C_4H_{10} + H_2S$$

苯并噻吩加氢反应如下：

$$\text{[苯并噻吩]} + H_2 \longrightarrow \text{[二氢苯并噻吩]} \xrightarrow{2H_2} \text{[乙苯]}\ C_2H_5 + H_2S$$

$$\longrightarrow \text{[苯乙烯]}\ CH{=}CH_2 + H_2S$$

$$\xrightarrow{H_2} \text{[乙苯]}\ C_2H_5$$

二苯并噻吩（硫芴）加氢反应如下：

$$\text{[二苯并噻吩]} \xrightarrow{H_2} \text{[联苯]} + H_2S$$

$$\xrightarrow{3H_2} \text{[四氢二苯并噻吩]} \xrightarrow{H_2} \text{[环己基苯]} + H_2S$$

$$\xrightarrow{3H_2} \text{[全氢二苯并噻吩]} \xrightarrow{H_2} \text{[双环己基]} + H_2S$$

9. 环状硫化物和链状硫化物哪种脱除硫更难？

答：环状硫化物的稳定性比链状硫化物高，且环数越多，稳定性越高，环状含硫化合物加氢脱硫较困难，条件较苛刻。环状硫化物在加氢脱硫时，首先环中双键发生加氢饱和，然后再发生断环脱去硫原子。

10. 硫化物加氢反应活性顺序是怎样的？

答：各种有机含硫化合物在加氢反应过程中的反应活性，因分子结构和分子大小不同而异，按以下顺序递减，硫醇（RSH）＞二硫化物（RSSR′）＞硫醚（RSR′）≈氢化噻吩＞噻吩。

11. 噻吩类化合物加氢反应活性顺序是怎样的？

答：在工业加氢脱硫条件下，噻吩类化合物的反应活性因分子大小不同而按以下顺序递减，噻吩＞苯并噻吩≥二苯并噻吩＞甲基取代的苯并噻吩。

12. 氮化物对油品有什么影响？

答：含有机氮化物的燃料燃烧时会排放 NO_x 污染环境；作为催化裂化过程的进料，含氮化合物会使催化剂中毒而失活；含氮化合物对产品质量（包括稳定性）也有危害，因此常常采用加氢精制的办法进行油品脱氮。

13. 石油馏分中的氮化物主要有哪些？

答：石油馏分中的氮化物可分为脂肪胺及芳香胺类，吡啶、喹啉类型的碱性杂环化合物，吡咯、咔唑型的非碱性氮化物三类。石油中的氮含量一般随馏分沸点的增高而增加，在较轻的馏分中，单环、双环杂环含氮化合物（吡啶、喹啉、吡咯、吲哚等）占支配地位，而稠环含氮化合物则浓集在较重的馏分中。

14. 各族氮化物反应能力如何？

答：脂肪胺类的反应能力最强，芳香胺类次之，碱性或非碱性氮化物，特别是多环氮化物很难反应。

15. 氮化物如何进行加氢反应？

答：在加氢精制过程中，氮化物在氢作用下转化为氨，从而脱除石油馏分中的氮。

脂肪胺在石油馏分中的含量很少，它们是杂环氮化物开环反应的主要中间产物，很容易加氢脱氮：

$$R-NH_2 \xrightarrow{H_2} RH + NH_3$$

腈类可以看作氢氰酸（HCN）分子中的氢原子被烃基取代而生成的一类化合物（RCN）。石油馏分中含量很少，较容易加氢生成脂肪胺，进一步加氢，C—N键断裂释放出氨而脱氮，反应如下：

$$RCN \xrightarrow{2H_2} RCH_2NH_2 \xrightarrow{H_2} RCH_3 + NH_3$$

苯胺加氢在所有的反应条件下主要烃产物是环己烷：

$$\text{C}_6\text{H}_5-NH_2 \xrightarrow{4H_2} \text{C}_6\text{H}_{12} + NH_3$$

吡啶是六元杂环氮化物，加氢脱氮反应如下：

$$\text{吡啶} \xrightarrow{3H_2} \text{哌啶} \xrightarrow{H_2} C_5H_{11}NH_2 \xrightarrow{H_2} C_5H_{12}+NH_3$$

喹啉是六元杂环氮化物，加氢脱氮反应如下：

$$\text{喹啉} \xrightarrow{2H_2} \text{四氢喹啉} \xrightarrow{H_2} \text{邻丙基苯胺} \xrightarrow{H_2} \text{丙基苯} + NH_3$$

吡咯是五元杂环氮化物，加氢脱氮包括五元环加氢、四氢吡咯 C—N 键断裂以及正丁胺的脱氮，反应如下：

$$\text{吡咯} \xrightarrow{3H_2} C_4H_9NH_2 \xrightarrow{H_2} C_4H_{10}+NH_3$$

吲哚是五元杂环氮化物，加氢脱氮反应大致如下：

$$\text{吲哚} \xrightarrow{6H_2} \text{乙基环己烷} + NH_3$$

咔唑是五元杂环氮化物，加氢脱氮反应如下：

$$\text{咔唑} \xrightarrow{H_2} \text{氨基联苯} \xrightarrow{H_2} \text{联苯} + NH_3$$

$$\xrightarrow{2H_2} \text{2-丁基二氢吲哚} \xrightarrow{2H_2} C_6H_{13}\text{-苯} + NH_3$$

16. 单环化合物加氢脱氮的规律是怎样的？

答：单环化合物加氢脱氮反应基本上可分为不饱和系统的加氢和 C—N 键断裂两步。单环化合物加氢活性顺序为：吡啶（280℃）＞吡咯（350℃）≈ 苯胺（350℃）＞苯类（＞450℃）。

17. 石油馏分中有哪些含氧化合物？

答：石油馏分中氧化物的含量很少，经常遇到的含氧化合物是环烷酸，二次加工产品中也有酚类，原油中含有环烷酸、脂肪酸、酯、醚和酚等。

18. 含氧化合物如何进行氢解反应？

答：环烷酸在加氢条件下进行脱羧基和羧基转化为甲基的反应，环烷酸加氢成为环烷烃。

$$R\text{-}C_6H_{10}\text{-}COOH \xrightarrow{3H_2} R\text{-}C_6H_{10}\text{-}CH_3 + 2H_2O$$

$$\xrightarrow{3H_2} R\text{-}C_6H_{11} + CH_4 + 2H_2O$$

苯酚类加氢成芳烃反应如下：

$$C_6H_5\text{-}OH + H_2 \longrightarrow C_6H_6 + H_2O$$

呋喃类加氢开环饱和反应如下：

$$C_4H_4O + 4H_2 \longrightarrow C_4H_{10} + H_2O$$

19. 硫化氢的存在对脱氮反应有什么影响？

答：反应系统中，硫化氢的存在对脱氮反应一般有一定促进作用。在低温下，硫化氢和氮化物的竞争吸附而抑制了脱氮反应；在高温条件下，硫化氢的存在增加催化剂对 C—N 键断裂的催化活性，从而加快了总的脱氮反应，促进作用更为明显。

20. 油品中可能含哪些金属？

答：渣油中的金属可分为以卟啉系化合物形式存在的金属（镍和钒）和以非卟啉系化合物形式存在的金属（如环烷酸铁、钙等）。

21. 脱金属反应对催化剂有什么影响？

答：金属有机化合物大部分存在于重质石油馏分中。加氢过程中金属有机物发生氢解，生成的金属沉积在催化剂表面，使催化剂减活，导致床层压降上升，沉积在催化剂表面的金属随反应周期的延长而向床层深处移动。当装置出口的反应物中金属含量超过规定要求时即认为一个周期结束。被砷或铅污染的催化剂在加氢处理中可能会影响其使用性能，砷和铅会与催化剂表面的活性位点结合，形成稳定的化合物，从而阻碍反应物与催化剂的有效接触，降低催化效率。重质石油馏分和渣油脱沥青油中含有金属镍和钒，分别以镍的卟啉系化合物和钒的卟啉系化合物状态存在，这些大分子在较高氢压下进行一定程度的加氢和氢解，在催化剂表面形成镍和钒的沉积。一般来说，以镍为基础的化合物反应活性比钒络合物要差一些，后者大部分沉积在催化剂的外表面，而镍更多穿入到颗粒内部。

22. 加氢过程中不饱和烃如何反应？

答：不饱和烃在加氢精制条件下很容易饱和，代表性反应如下。

$$R-CH=CH_2 + H_2 \longrightarrow R-CH_2CH_3$$

$$R-C_6H_9 + H_2 \longrightarrow R-C_6H_{11}$$

$$C_6H_5-CH=CH_2 + H_2 \longrightarrow C_6H_5-C_2H_5$$

23. 芳烃如何进行加氢反应？

答：芳烃加氢主要是稠环芳烃（萘系和蒽、菲系化合物）的加氢，单环芳烃是较难加氢饱和的。如果芳环上带有烷基侧链则加氢反应变得困难。以萘和菲的加氢反应为例：

$$\text{萘} \xrightleftharpoons{2H_2} \text{四氢萘} \xrightleftharpoons{3H_2} \text{十氢萘}$$

$$\text{菲} \xrightleftharpoons{7H_2} \text{全氢菲}$$

24. 芳烃加氢反应受什么因素影响？

答：提高反应温度，芳烃加氢转化率下降；提高反应压力，芳烃加氢转化率增大。稠环芳烃的加氢深度往往受化学平衡的控制。

25. 芳烃的存在对柴油性质有什么影响？

答：芳烃的存在直接影响柴油的十六烷值和密度，脱除柴油芳烃含量与降低柴油密度和提高柴油十六烷值呈线性关系，因此脱除芳烃成为生产优质洁净柴油的重要的工艺手段。

26. 各类加氢反应难度有什么不同？

答：由易到难的程度顺序如下：C—O 键、C—S 键及 C—N 键的断裂远比 C—C 键断裂容易；脱硫＞脱氧＞脱氮；环烯烃＞烯烃≫芳烃；多环＞双环≫单环。

27. 什么是加氢裂化？

答：加氢裂化是在临氢、高温和催化剂作用下，使大分子烃类转化为小分子烃类，将重质馏分油转化为轻质油品的工艺过程。临氢条件可抑制催化裂化时发生的脱氢缩合反应，减缓焦炭的生成。加氢裂化原料通常为重质馏分油，其主要特点是生产灵活性大，产品产率可以用不同操作条件控制，或以生产汽油为主，或以生产喷气燃料、低凝柴油为主，或用于生产润滑油原料。

28. 加氢裂化的原料和产物主要包括哪些？

答：加氢裂化的原料包括粗柴油、减压蜡油、重油及脱沥青油。轻质馏分油在加氢裂化过程中主要转化为高质量的汽油和煤油等产品。我国加氢裂化装置原料以减压蜡油为主，有的掺入部分焦化蜡油，目的产物主要是重整原料油、航空煤油、优质柴油及部分乙烯裂解原料。重原料油如焦化蜡油及脱沥青油含硫、含氮较高，加工比较困难，需要采取较苛刻的操作条件。

29. 渣油加氢裂化与馏分油加氢裂化有何不同？

答：由于渣油中富集大量硫化物、氮化物、胶质、沥青质大分子及金属化合物，使催化剂作用大大降低，因此热裂解反应在渣油加氢裂化过程中有重要作用，一般其产品需要进行加氢精制。馏分油加氢裂化特点是具有较大的生产灵活性，可根据市场需要，及时调整生产方案。

30. 加氢裂化过程包括哪些化学反应？

答：加氢裂化过程化学反应分为精制反应和裂化反应，包括饱和、还原、裂化和异构化等过程。

31. 烃类加氢裂化反应由什么因素决定？

答：烃类在加氢条件下的反应方向和深度，取决于烃的组成、催化剂的性能以及操作条件（温度、压力等）等因素。

32. 烷烃如何进行加氢裂化？

答：烷烃加氢裂化包括原料分子某处 C—C 键的断裂，以及生成不饱和分子碎片的加氢。反应生成的烯烃先进行异构化，随即被加氢成异构烷烃。烷烃加氢裂化反应的通式如下：

$$C_nH_{2n+2} + H_2 \longrightarrow C_mH_{2m+2} + C_{n-m}H_{2(n-m)+2}$$

33. 烷烃加氢裂化的反应速率与烷烃分子量是否有关？

答：烷烃加氢裂化的反应速率随着烷烃分子量的增大而加快。在加氢裂化条件下烷烃的异构化速率也随着分子量的增大而加快。

34. 烷烃加氢裂化深度和产品组成与什么因素有关？

答：烷烃加氢裂化深度及产品组成取决于烷烃正碳离子的异构速率、分解速率和稳定速率以及这三个反应速率的比例关系。改变催化剂的加氢活性和酸性活性的比例关系，就能够使所希望的反应产物达到最佳比值。

35. 单环环烷烃如何发生加氢裂化反应？

答：单环环烷烃在加氢裂化过程中发生异构化、断环、脱烷基侧链反应以及不明显的脱氢反应。长侧链单环六元环烷烃主要发生断链反应，很少发生开环；短侧链单环六元环烷烃首先异构化生成环戊烷衍生物，然后再发生后续反应。

36. 双环环烷烃如何发生加氢裂化反应？

答：双环环烷烃在加氢裂化时，首先有一个环断开并进行异构化，生成环戊烷衍生物，反应继续进行时，第二个环也发生断裂。

37. 多环环烷烃如何发生加氢裂化反应？

答：多环环烷烃在加氢裂化反应中环数逐渐减少，即首先第一个环加氢饱和后而开环，然后第二个环加氢饱和再开环，到最后剩下单环就不再开环，是否保留双环则取决于裂解深度。

38. 芳烃如何进行加氢裂化反应？

答：苯加氢首先生成环己烷，然后发生环烷烃裂化反应。稠环芳烃加氢裂化也包括以上过程，只是加氢和断环是逐次进行的，在高酸性催化剂存在时还进行中间产物的深度异构化、脱烷基侧链和烷基的歧化作用。

39. 裂化产物中芳烃的饱和程度由什么决定？

答：裂化产物中单环芳烃及双环芳烃的饱和程度主要取决于反应压力和温度，压力越高、温度越低则双环芳烃越少、苯环也大部分加氢饱和。

40. 烷基芳烃如何进行加氢裂化反应？

答：烷基芳烃先裂化后异构，带有长侧链的单环芳烃断侧链去掉烷基，也可以进行环化生成双环化合物，侧链本身还进行氢解；短烷基侧链比较稳定，主要进行异构化和歧化反应。

41. 加氢裂化产物有哪些特点？

答：加氢裂化产物中硫、氮和烯烃含量极低；烷烃裂解的同时深度异构，因此加氢裂化产物中异构烷烃含量高；裂解气体以 C_4 为主，干气较少，异丁烷与正丁烷的比例可达到甚至超过热力学平衡值；稠环芳烃可深度转化而进入裂解产物中。

42. 加氢裂化遵循什么反应机理？

答：烃分子的加氢裂化反应与催化裂化反应都遵循正碳离子反应机理，不同的是，加氢裂化过程始终伴有加氢反应。

烃类裂化反应正碳离子反应机理：按 β 位断裂法则，生成的伯碳离子不稳定，发生氢转移反应而生成相对稳定的仲碳离子或叔碳离子或异构成叔碳离子，大的叔碳离子进一步在 β 位断裂生成一个异构烯烃和一个小的正碳离子，烯烃加氢后变成异构烷烃，小的正碳离子将氢离子还给催化剂后生成烯烃分子，烯烃分子加氢后生成烷烃分子，造成加氢裂化产品富含异构烷烃。

烷烃的加氢裂化在其正碳离子的 β 位处断链，很

少生成 C_3 以下的低分子烃,因此加氢裂化的液体产品收率高;非烃化合物基本上完全转化,烯烃也基本加氢饱和;加氢裂化反应压力很高,芳烃加氢的转化率也高。

43. 加氢裂化在产品分布及质量上有哪些优势?

答:加氢裂化装置液体收率高,C_5 以上产品收率可达到 94%~95%,催化裂化装置仅有 80% 左右,延迟焦化装置只有 65%~70%。加氢裂化 C_1—C_2 收率仅为 1%~2%,催化裂化和延迟焦化达到 3% 以上。加氢裂化产品饱和度高,非烃含量很低,产品安定性好,柴油的十六烷值高,胶质低。

由于加氢裂化工艺异构性能强,产品有优异的性能。同时通过催化剂以及工艺的改变可大幅度调整加氢产品的产率分布,而催化裂化和延迟焦化产率可调整的幅度很小。

加氢裂化与热裂化的产品主要不同点在于产品氢含量的差异。研究表明氢含量达到 13% 时方能满足航空煤油以及车用柴油的使用性质要求。而催化裂化煤油、柴油组分氢含量仅为 10%~13%,因此煤油的烟点低,柴油十六烷值较低,燃烧性能差。

44. 什么是饱和蒸气压?

答:蒸气压是在某一温度下一种物质的液相与其上方的气相呈平衡状态时的压力,也称饱和蒸气压。同一物质在不同温度下有不同的饱和蒸气压,并随着温度的升高而增大。

饱和蒸气压是衡量油品在内燃机中蒸发性能和形成气阻可能性的重要指标。饱和蒸气压越大,油品的蒸发性越强,发动机越容易冷启动,但同时也更容易形成气阻,导致发动机工作不正常。因此,合理控制油品的饱和蒸气压对于保证发动机的性能和稳定性至关重要。

45. 什么是馏程?

答:馏程是油品在规定条件下蒸馏所得到的从初馏点到终馏点表示其蒸发特征的温度范围,是石油产品的主要理化指标之一,主要用来判定油品轻、重馏分组成,控制产品质量和使用性能等。

46. 如何测定馏程?

答:采用恩氏蒸馏方法测定馏程。在规定的实验条件下,将100mL油品加热蒸馏,试油从冷凝器的末端馏出第一滴油时的温度称为初馏点。在蒸馏的最后阶段,当全部液体蒸发后的最高温度称为终馏点。实验时,当量筒中回收的蒸馏出的冷凝液为10mL、50mL、90mL时的温度分别称为10%、50%、90%馏出温度。

这种蒸馏是条件性的,蒸馏出的数量只是相对的比较数量,而不是真正的数值,即不是实沸点的蒸馏。但这仍然是控制汽油、煤油、喷气燃料与柴油等轻质燃料和各种溶剂油的重要指标。

47. 汽油的馏程指标有哪些？

答：根据 GB 17930—2016《车用汽油》规定，我国车用汽油的馏程范围是 30～205℃。汽油的馏程指标通常包括初馏点、10%馏出温度、50%馏出温度、90%馏出温度和终馏点。

初馏点是汽油开始蒸馏的温度，反映了汽油中最轻组分的沸点；10%馏出温度表示汽油中低沸点组分的含量，对发动机的启动性能有重要影响；50%馏出温度代表汽油的平均蒸发性能，影响发动机加速时的表现；90%馏出温度和终馏点反映了汽油中重质组分的含量，这些组分不易蒸发，可能影响汽油的完全燃烧和发动机的性能。

这些指标对于确保汽油的质量、保证发动机的正常运行以及提高燃油效率至关重要。

48. 为什么要控制柴油的馏程？

答：柴油馏程是一个重要的质量指标。柴油发动机的速度性能越高，对燃料的馏程要求就越严，一般来说，馏分轻的燃料启动性能好，蒸发和燃烧速度快。但是燃料馏分过轻，自燃点高，燃烧延缓期长，且蒸发程度大，在点火时几乎所有喷入气缸里的燃料会同时燃烧起来，造成缸内压力猛烈上升而引起爆震。燃料过重会使喷射雾化不良，蒸发慢，不完全燃烧的部分在高温下受热分解，生成炭渣而弄脏发动机零件，使排气中有黑烟，增加燃料的单位消耗量。

49. 柴油的馏程指标是多少？

答：我国柴油的馏程范围一般控制在 180～380℃。柴油的馏程按照 GB/T 6536—2010《石油产品常压蒸馏特性测定法》规定的方法测定，主要馏程的主要项目是 50% 馏出温度和 90% 馏出温度。轻柴油质量指标要求 50% 馏出温度不高于 300℃，90% 馏出温度不高于 355℃，95% 馏出温度不高于 365℃。柴油的馏程和凝点、闪点也有密切的关系。

50. 为什么要控制柴油的凝点？

答：为保证发动机连续供油和混合均匀，燃料必须有较好流动性，柴油的流动性与凝点（倾点）等有关，若燃料凝点高，在低温下使用时，燃料的流动性会大大降低，而且有结晶体析出，堵塞过滤器，使供油系统能力降低，严重时会使供油中断，因此凝点对柴油有着十分重要的意义。

51. 为什么要控制航空煤油 98% 点温度？

答：航空煤油又称喷气燃料，馏程范围一般在 130～280℃。航空煤油密度大，体积发热值高、航程长；航空煤油结晶高易堵塞过滤器，使供油减少甚至中断，造成飞机故障。控制航空煤油 98% 点温度来调整航空煤油密度和结晶点适中，使航空煤油的结晶点和密度符合规定要求。

52. 加氢裂化航空煤油质量特点是什么？

答：环烷烃、异构烷烃是航空煤油比较理想的组分，具有较好的燃烧性能、润滑性能和热安定性。而在航空煤油中单环芳烃含量越小越好，尽可能除去双环芳烃。加氢裂化工艺具有优异的芳烃饱和、选择性断环以及烃类异构化的性能，因此可以得到优质的航空煤油组分，航空煤油的颜色、热安定性、燃烧性能得到较大程度的提高。但是航空煤油中保留适当的硫化物能够起到对镍合金的抗烧蚀作用，而且天然存在的硫化物与航空煤油馏分的配伍性较好。

53. 抗氧化剂的作用是什么？

答：抗氧化剂又称防胶剂，它的作用是抑制燃料氧化变质而生成胶质，提高汽油、煤油的安定性。

第二章　加氢过程的催化剂

1. 什么是催化剂？

答：在化学反应过程中能改变反应速率而本身的化学性质在反应前后保持不变的物质称为催化剂。催化剂在化学反应过程中改变了化学反应的途径，降低了化学反应活化能，使反应物分子更容易达到活化状态进行反应，大大降低了反应所需的温度。

催化活性可衡量一个催化剂的催化效能。催化活性可反映催化剂对反应速率的影响程度，是判断催化剂效能高低的标准。

2. 什么是催化剂的选择性？

答：当化学反应在热力学上可能有几个反应方向时，一种催化剂在一定条件下只对其中一个反应起加速作用，这种专门对某一个化学反应起加速作用的性能称为催化剂的选择性。

选择性 = 消耗目的产物的原料量 / 原料总转化量

催化剂的选择性主要取决于催化剂的组分、结构及催化反应过程中的工艺条件（如压力、温度、介质等）。

3. 什么是多相催化反应？

答：当催化剂和反应物不在同一相时称为多相催化，在大多数多相催化的情况下，催化剂是固体，反应物是液体或气体。在加氢裂化过程中，催化剂是固体而反应物是气相、液相。

4. 多相催化反应分为几个步骤？

答：多相催化反应的步骤如下。
（1）反应物自外部向催化剂外表面扩散；
（2）反应物自催化剂外表面向内表面扩散；
（3）反应物在催化剂内表面吸附；
（4）反应物在催化剂内表面反应生成产物；
（5）产物在催化剂内表面脱附；
（6）产物自催化剂内表面扩散到催化剂外表面；
（7）产物自催化剂外表面通过膜扩散到外部。

以上 7 个步骤可以归纳为外扩散、内扩散、吸附和反应 4 阶段。如果其中某一阶段比其他阶段速率慢时，则整个反应速率取决于该阶段的速率，该阶段成为控制步骤。

5. 加氢催化剂主要有哪几个系列？

答：目前加氢催化剂主要有 Co—Mo 系、Ni—Mo 系和 Ni—W 系催化剂。其中 Co—Mo 对 C—S 键的断裂有较高的活性，对 C—N 和烯烃的饱和也有一定的活性，这种催化剂在正常的操作温度下基本上不发生缩合反应，因此 Co—Mo 系催化剂寿命长、热稳定性好、积炭速率比较慢、液体的收率高，是较好的加氢脱硫催化剂；Ni—Mo 系催化剂对 C—N 键断裂活性高于 Co—Mo 系催化剂。

6. 催化剂的化学结构按其催化作用分为哪几类？

答：工业催化剂大多不是单一的化合物，而是由多种化合物组成的，按其在催化反应中所起的作用可分为主活性组分、助剂和载体 3 部分。

（1）主活性组分是催化剂中起主要催化作用的组分。

（2）助剂添加到催化剂中用来提高主活性组分的催化性能，提高催化剂的选择性或热稳定性，但其单独并没有催化活性。按其作用机理分为结构助剂和调变性助剂。

（3）载体是负载活性组分并具有足够的机械强度的多孔性物质。

7. 加氢精制催化剂的活性组分有哪些？

答：属于非贵金属的主要有ⅥB族和Ⅷ族中几种金属氧化物和硫化物，其中活性最好的有 W、Mo、Co、Ni，贵金属有 Pt、Pd 等。它们具有未填满 d 电子层的过渡元素，同时都具有体心或面心立方晶格或六角晶格从而具备良好的吸附特性，因此适宜作为活性组分。

8. 对催化剂活性组分的含量有什么要求？

答：提高活性组分的含量对提高活性有利，但是综合生产成本及活性增加幅度分析，活性组分的含量应有一个最佳范围，目前加氢精制催化剂活性组分含量一般在 15% ~ 35%。

9. 加氢精制催化剂的助剂有什么作用？

答：添加助剂是为了改善加氢精制催化剂某方面的性能，如活性、选择性、稳定性等。助剂作用按机理不同可分为结构性助剂和调变性助剂。大多数助剂是金属化合物，也有非金属元素。

10. 结构性助剂的作用是什么？

答：结构性助剂的作用是增大表面，防止烧结，如 K_2O、BaO、La_2O_3 等能减缓烧结作用，提高催化剂的结构稳定性。

11. 调变性助剂的作用是什么？

答：调变性助剂的作用是改变催化剂的电子结构、表面性质或晶型结构，从而改变催化剂的活性或提高催化剂的选择性。

12. 催化剂的载体具有哪些作用？

答：催化剂的载体可作为担载主活性组分的骨架，使催化剂具有适宜的形状和粒度，以符合工业反应器的操作要求；催化剂载体的另一功能是提高活性组分的分散度，增大活性比表面积，改善催化剂的导热性能以及增加催化剂的抗毒性，有时载体与活性组分发生相互作用生成固溶体和尖晶石等，改变结合形态或晶体结构，载体还可通过负载不同功能的活性组分制取多功能催化剂。

13. 加氢精制催化剂的载体分为几类？

答：加氢精制催化剂的载体分为中性载体（如活性氧化铝、活性炭、硅藻土等）和酸性载体（如硅酸铝、硅酸镁、活性白土、分子筛等）两大类。

14. 加氢裂化催化剂有什么特点？

答：加氢裂化催化剂属于双功能催化剂，即催化剂由具有加（脱）氢双功能的金属组分和具有裂化功能的酸性载体两部分组成，有的还有助剂等其他成分。

15. 加氢裂化催化剂按活性分为几种？

答：加氢裂化催化剂分为具有高加氢活性和低酸性以及低加氢活性和高酸性活性两种。

16. 加氢裂化催化剂的载体分为几类？

答：加氢裂化催化剂的载体有酸性和弱酸性两种。酸性载体为硅酸铝、硅酸镁、分子筛等，弱酸性载体为氧化铝及活性炭等。

17. 如何体现加氢裂化催化剂的双功能？

答：加氢裂化催化剂的酸性功能由催化剂的载体

（硅铝或沸石）提供，在其上发生裂解、异构化、歧化等反应，加氢裂化催化剂的载体有非晶形（如氧化铝、硅铝、硅镁等）和晶形（沸石分子筛类）两大类。可以分别使用，也可以混合使用。

催化剂的金属组分提供加氢功能，可以分为非贵金属和贵金属两类，属于非贵金属的主要有ⅥB族和Ⅷ族金属，以W、Mo、Co、Ni为常见，多以硫化物状态使用，贵金属则以Ⅷ族金属Pt、Pd为主，多以金属状态使用。

18. 影响催化剂活性的因素有哪些？

答：影响催化剂活性的因素包括催化剂的化学组成和催化剂的物理性质（如比表面积、孔体积、孔径分布、颗粒度以及外形）。

19. 催化剂有哪些外形结构？

答：催化剂常制成三叶形、四叶形及辐条状等异形结构，颗粒直径在1.5mm左右，目的是减少床层压降及扩散阻力。

20. 如何评价催化剂的强度？

答：工业固体催化剂的颗粒应有承受以下几种应力而不致破碎的强度。(1) 催化剂必须经得起在搬运包装桶时引起的磨损和撞击，以及催化剂在装填时能承受从一定高度抛下所受的冲击和碰撞。(2) 催化剂必须能承受其自身重量以及气流冲击催化剂的强度（用压碎强度和耐磨强度来表示）。以上一般指的是催化剂的机械强度。

催化剂的强度不能只看催化剂的初始机械强度，更重要的是考察催化剂在还原或预硫化之后，在使用过程中的热态破碎强度和耐磨强度是否能够满足需要。催化剂在使用状态下具有较高的强度才能保证催化剂较长使用寿命。

21. 什么是催化剂的比表面积？

答：催化剂的比表面积是单位质量催化剂的内外表面积，单位是 m^2/g。一般来说，催化剂的活性随着比表面积的增加而增加，但增加比表面积的同时，又会降低孔径。催化剂比表面积的大小影响催化剂的活性，有效表面是在实际催化过程中起作用的表面。

22. 催化剂的平均孔径对反应有何影响？

答：催化剂的平均孔径是催化剂孔体积与比表面积的比值，以埃（Å）表示（$1Å=10^{-10}m$）。催化剂的孔径大小不但影响催化剂活性，而且影响催化剂的选择性。当比表面积增大时，由于孔径相应变小，而反应物的分子直径大于孔径，反应物不仅不容易扩散到孔内而且进去的分子反应后的中间产物也不易扩散出来，停留在孔内发生二次反应，生成非目的产物，使催化剂选择性降低。

23. 什么是催化剂的孔体积？

答：催化剂的孔体积是单位质量的催化剂颗粒的孔隙体积，单位是 cm^3/g。

24. 什么是催化剂的堆积密度？

答：催化剂的堆积密度又称为填充密度，即单位体积内所填充的催化剂质量，单位是 kg/m^3。

25. 催化剂应具备哪些稳定性？

答：（1）化学稳定性，保持稳定的化学组成和化合状态。

（2）热稳定性，能在反应条件下，不因受热而破坏其物理—化学状态，同时，在一定的温度变化范围内能保持良好的稳定性。

（3）机械稳定性，具有足够的机械强度，保证反应床处于适宜的流体力学条件。

（4）活性稳定性，对于毒物有足够的抵抗力，有较长的使用周期。

26. 开工时为什么要对催化剂进行干燥？

答：因为大多数催化剂都是以氧化铝或含硅氧化铝为载体，而载体这种多孔物质的吸水性能很强，可达35%；在开工进油时，热的油气一旦与湿的催化剂接触，催化剂中的水分迅速汽化，这时未与油气接触的后部催化剂仍是冷的，下行的水蒸气被催化剂冷凝吸附时放出大量的热，由于热应力作用会使催化剂颗粒破碎；其次，这种快速而反复的汽化—冷凝过程会降低催化剂的活性和影响预硫化的效果。因此，在开工前要对催化剂进行热干燥。

27. 加氢催化剂为什么要进行预硫化？

答：加氢催化剂在生产、运输和储存过程中，为了控制催化剂的活性，活性组分是以氧化物的形态存在的，催化剂经过硫化以后，将氧化态硫化为硫化态，其加氢活性和热稳定性都大大提高，因此催化剂在接触油之前必须进行预硫化。

28. 催化剂如何进行预硫化？

答：预硫化就是使催化剂活性组分在一定温度下与硫化氢反应，由氧化物转变为硫化物。催化剂预硫化可分湿法硫化和干法硫化两种。

湿法硫化是在氢气存在下，采用含有硫化物的馏分油在液相和半液相的状态下的预硫化；湿法硫化又分为两种，一种为催化剂硫化过程所需的硫来自外加入硫化物，另一种是依靠硫化油本身的硫进行预硫化。

干法硫化是在氢气存在下，直接用含有一定浓度的硫化氢或直接向循环氧中注入有机硫化物进行硫化。

29. 哪些条件影响硫化效果？

答：硫化效果取决于硫化条件，即温度、时间、硫化氢分压、硫化剂的浓度及种类等，其中温度影响最大。

预硫化反应速率快，而且所有的反应都是放热反应，为防止硫化过程中出现催化剂床层的超温现象，且循环氢中硫化氢含量的增加会导致设备的腐蚀速率增加。因此，在硫化过程中要严格控制循环氢中的硫化氢浓度。

30. 硫化温度如何影响硫化效果？

答：硫化温度存在最佳温度范围，温度过高金属氧化物有被热氢还原的可能。一旦出现金属态，这些金属氧化物转化成硫化物的速率会非常慢，影响催化剂的硫化效果。可以通过控制硫化剂注入量、超温时注冷氢控制温度。

31. 为什么要避免金属氧化物热氢还原？

答：金属氧化物还原反应如下。

$$Ni_2O_3+3H_2=\!=\!=2Ni+3H_2O$$

$$MoO_3+H_2=\!=\!=MoO_2+H_2O$$

MoO_2 很难再与 H_2S 反应而被硫化。被还原生成的金属镍及低价的钼影响催化剂的性能。金属镍是脱氢催化剂，会导致催化剂床层生焦量过大，从而降低催化剂的初活性及稳定性。

金属氧化物在硫化前被还原会损坏催化剂的机械强

度。因为金属氧化物在还原时会收缩，硫化时又膨胀，随着催化剂比体积的变化，会使其颗粒产生内应力。金属氧化物的硫化反应速率要比金属的硫化速率快得多。因此要控制硫化的初始温度。

32. 干法硫化的过程是怎样的？

答：干法硫化是气相预硫化方法，是催化剂在氢气存在下，直接与一定浓度的硫化氢或其他有机硫化物进行接触而进行的气相硫化。其工艺过程有两种：(1) 在循环氢气中注入硫化剂，不排废氢，此时也称为密闭气相硫化。(2) 在循环氢气中注入硫化剂，排废氢。不排废氢可减少硫化剂的损失量和新氢的补充量，由于硫化剂和氢气反应生成烷烃，使循环氢气纯度下降，如果氢气纯度低于50%可排放一部分废氢，以提高循环氢的纯度。

33. 湿法硫化的过程是怎样的？

答：湿法硫化是液相预硫化方法，是采用含有硫化物的符合一定质量要求的硫化油在氢气存在下直接与催化剂作用的硫化过程。其工艺过程有两种：(1) 在循环氢气的存在下，采用外部加入的硫化物进行预硫化。(2) 在循环氢气的存在下，用高含硫油品或高含硫进料为硫化油，依靠硫化油中自身的硫化物完成预硫化，该方法不用注入硫化剂。

34. 什么是催化剂的预湿？

答：催化剂的预湿是在催化剂未与氢气接触前，用含硫油接触催化剂。其作用是：

（1）使催化剂均处于湿润状态，防止催化剂床层中有"干区"存在，而"干区"的存在会降低催化剂的总活性。

（2）使含硫油中的硫化物吸附在催化剂上，防止活性金属氧化物被氢气还原给预硫化造成困难，有利于提高硫化催化剂的活性。

35. 预硫化用的硫化剂有哪些？

答：硫化剂为硫化氢或能在硫化温度下分解成硫化氢的不稳定的硫化物，如二硫化碳（CS_2）和二甲基二硫醚（DMDS）等。CS_2是最便宜的硫化剂，但是由于其具有较高的挥发性，带来环保健康问题，因此目前使用较多的是DMDS。

36. 什么是催化剂失活？

答：对大多数工业催化剂来说，其物理性质及化学性质随催化反应的进行发生微小的变化，短期很难察觉，然而长期运行过程中这些变化累积起来，造成催化剂的活性和选择性显著下降，这就是催化剂的失活过程。此外，反应物中存在的毒物和杂质、上游工艺带来的粉尘、反应过程中原料结炭等外部原因也引起催化剂活性和选择性下降。

37. 催化剂失活有几种情况？

答：催化剂失活按可逆性可分为暂时性失活和永久性失活两类。(1) 暂时性失活是原料中含S、N、O等的杂环化合物、稠环芳烃和烯烃在催化剂表面被吸附后经热解、缩合等反应生成积炭覆盖了催化剂的活性中心而导致的催化剂失活，可通过再生恢复催化剂活性；(2) 永久性失活是原料中的Fe、Ni等重金属沉积、催化剂金属晶态变化与聚集、催化剂及其载体孔结构的倒塌等引起的失活，这种失活是永久性的，无法通过再生来恢复催化剂活性。

38. 什么是催化剂中毒？

答：催化剂中毒可分为可逆中毒、不可逆中毒和选择中毒。

可逆中毒：毒物在活性中心吸附或化合，生成的键强度相对较弱，可以采用适当的方法除去毒物，使催化剂恢复活性，而不影响催化剂的性质。

不可逆中毒：毒物与催化剂活性组分相互作用形成很强的化学键，难以用一般的方法将毒物除去，使催化剂活性恢复。

选择中毒：催化剂中毒之后可能失去对某一反应的催化能力，但对别的反应仍具有催化活性。

39. 加氢深度脱硫与催化剂失活的关系是什么？

答：脱硫的程度越深，所需要的温度越高，催化剂失活的速率也越快。油品的硫含量控制越低，相应对催化剂的要求越高，操作条件越苛刻。

实际操作过程中，脱硫深度应控制在一定范围内，产品硫含量过高达不到环保要求，但硫含量过低会影响催化剂的使用寿命，缩短装置的运行周期。

40. 什么是催化剂结焦？

答：催化剂结焦是指原料在催化剂表面形成炭质，覆盖在活性中心上，大量的结焦导致孔堵塞，阻止反应物进入孔内活性中心。

41. 什么是催化剂烧结？

答：催化剂烧结指催化剂结构发生变化而丧失活性中心，如小金属聚集或晶体变大。

42. 什么是催化剂的再生？

答：催化剂的再生是指对失活的催化剂通过各种有效的物理和化学手段，去除吸附（物理吸附、化学吸附等）在该催化剂表面上各种有害的毒物、杂质（积炭、金属、盐类沉积物等），改善和调整催化剂表面的物理结构与晶粒分布等，从而使催化剂活性得以部分恢复的过程。被金属中毒的催化剂不能再生。

43. 催化剂怎样再生？

答：由于结焦而失活的催化剂可以用烧焦办法再生，即把沉积在催化剂表面上的积炭用空气烧掉，可以在反应器内进行，也可以采用器外再生的办法，无论哪种方法都采用在惰性气体中加入适量的空气逐步烧焦，用水蒸气或者氮气作为惰性气体，同时充当热载体作用。

44. 水蒸气存在下再生催化剂有何特点？

答：(1) 水蒸气存在下再生过程比较简单，而且容易进行，经济上便宜一些，但是在一定温度压力下，用水蒸气处理时间过长会使载体氧化铝的结晶状态发生变化，造成表面积损失。(2) 催化剂活性下降以及机械性能受损。(3) 正常操作条件下，催化剂能经受 7～10 次再生。

45. 催化剂再生过程中需要控制哪些因素？

答：催化剂再生过程中最重要的是控制氧含量，并以此控制再生温度，以保证一定的燃烧速度和不局部发生过热。因为烧焦时会放出大量的焦炭燃烧热和硫化物的氧化反应热，会导致温度剧烈上升，短时间的过热也可能损坏催化剂。对大多数催化剂来讲，燃烧段最高温度以不超过 550℃ 为宜。

46. 哪些因素影响加氢裂化催化剂使用？

答：加氢裂化催化剂使用受以下因素影响。

（1）温度是影响加氢裂化反应的重要因素，在其他反应参数不变的情况下，反应温度的提高意味着转化率的提高，它与产品的饱和率、杂质脱除率直接有关，从而导致产品质量的变化。

（2）在其他条件不变时，空速决定了反应物流在催化剂床层的停留时间，当提高空速而要保持一定的转化深度时，可以用提高反应温度来进行补偿。

（3）过高的氢油比影响催化剂的寿命、增加装置的操作费用及设备投资。

（4）过低的氢压力导致催化剂快速失活而不能长期运转。

47．导致催化剂生焦率上升的因素有哪些？

答：反应温度升高、反应压力降低、氢分压降低、原料密度大、空速降低等均会导致催化剂生焦率上升。

48．原料性质如何影响催化剂寿命？

答：（1）干点。干点升高，黏度大，杂质和非理想组分多，催化剂容易结焦，寿命缩短。

（2）金属化合物含量。金属化合物（主要是 Fe、V 和 Ni 化合物）含量升高时，催化剂床层的压降加速上升，寿命缩短。

（3）盐含量。钠盐和氯化物含量的升高，容易使催化剂中毒。

（4）残炭含量。残炭含量升高，表明其易结焦物多，从而对催化剂活性发挥不利。

（5）黏度。黏度增大不利于原料在床层的分布和传质扩散，容易引起压降脉动，对催化剂活性不利。

第三章 加氢装置工艺参数及影响因素

1. 影响加氢反应的主要因素有哪些？

答：影响加氢反应的主要因素有原料油性质、反应温度、反应压力、空速、氢油比、催化剂等。

2. 原料油性质对加氢精制有什么影响？

答：原料油性质是影响加氢精制效果最主要的因素之一。由于原料油性质的差异和加工工艺的不同，柴油中杂质的结构和数量有很大的差异，因而加氢精制的难易程度的差别相当大。通常，密度大与硫、氮（特别是碱氮）、胶质、芳烃含量高和十六烷值比较低的馏分加氢精制比较困难。

3. 原料馏程对加氢裂化操作有什么影响？

答：馏程对原料油性质影响很大，原料油馏程越重，杂质含量越高，硫、氮、金属等的含量也越高，多环芳烃含量及其芳环数增加，加氢脱硫、加氢脱氮和加氢裂化反应越难。如果馏程变重，而保持裂化反应器入口温度不变时，因达不到需要的反应温度，反应变缓和，放热量减少，床层平均温度下降，引起脱硫率和脱氮率及裂化转化率下降。必须提高反应温度以抵消原料油变重的影响，而当原料变重幅度较大时，甚至必须提高反应压力等级才能达到所需要的反应深度。因此，为保持转化率稳定，馏程增大时，应适当提高床层反应温度；馏程降低则相应降低反应温度。

4．哪些原料指标影响加氢裂化转化率？

答：(1) 原料油的密度。原料油密度越大，加氢裂化反应越困难，当原料油密度较高时一般需提高反应温度。

(2) 原料油的族组成（或原料的品种来源）。烷烃较易裂解，而环烷基的原料难裂解，需提高苛刻度。

(3) 原料油的干点。原料油的干点升高时，原料油的氮含量随之增加。原料油平均沸点越高和分子量越大时，则越难转化，应增加反应的苛刻度。

(4) 原料油的残炭和沥青质。残炭高和沥青质高的原料，短时间对反应影响不大，但长期操作会降低催化剂的活性与选择性，可以提高反应温度来维持一定的裂化转化率。

5．为什么要进行柴油加氢精制？

答：在催化裂化、延迟焦化和减黏裂化等二次加工过程产物柴油馏分中均含有较高的硫、氮和不饱和烃，使其颜色和安定性比较差。尤其环保对车辆排放的尾气有着越来越高的要求，这些组分远远不能达到柴油产品质量的要求，需要通过加氢精制来提高油品的质量。对于高含硫原油的直馏柴油组分，其硫含量也较高，不能满足柴油产品规格的要求。即使催化裂化原料经过加氢精制，其馏分的硫含量也不能满足清洁柴油的产品标准。这些柴油组分均需要通过加氢精制脱除其中的有害杂质、改善安定性，方能作为柴油的调和组分。

6. 柴油产品为何要控制含硫量？

答：柴油的含硫量对发动机的工作寿命影响很大。柴油中的硫化物在燃烧后生成二氧化硫和三氧化硫，在水蒸气存在下，就会在汽缸内壁形成一层硫酸薄膜，腐蚀汽缸活塞及其他机件，同时兼有腐蚀和机械磨损要比单纯的机械磨损严重得多。此外，二氧化硫和三氧化硫还能促进汽缸中沉积物的生成。因此，为了保护发动机，柴油产品中的含硫量要加以控制。

7. 加氢精制的反应深度由什么决定？

答：加氢精制反应包括一系列平行顺序反应，构成复杂的反应网络，而反应深度和速率往往取决于原料油的化学组成、催化剂以及过程的工艺条件，如升高反应温度、提高循环氢纯度、增大反应压力、降低空速等均可加大反应深度。

8. 反应温度对加氢精制反应有什么影响？

答：提高反应温度可以加快加氢精制反应的速率，从而提高脱硫效果。对于不同的原料和催化剂，反应的活化能不同，因此提高反应温度对提高反应速率的幅度也不同。通常，脱硫和脱氮的反应不受热力学的影响，因此提高反应温度就提高了总脱硫速率。但硫、氮杂环化合物受加氢平衡的限制，在不同的压力下，存在极限反应温度，超过这一极限，脱硫率和脱氮率开始下降。

9. 加氢精制的温度一般在什么范围？

答：加氢精制的温度一般不超过420℃，原因是高于这个温度会发生较多的裂化反应和脱氢反应，重整原料精制采用240～320℃，航空煤油精制一般采用240～340℃，柴油精制温度在300～420℃。

10. 反应温度对加氢裂化反应有什么影响？

答：加氢裂化过程中提高反应温度，裂解速率相应加快，反应产物中低沸点组分含量增多，烷烃含量增加而环烷烃含量下降，异构烷烃与正构烷烃的比值下降。加氢裂化反应温度的提高受加氢反应的热力学限制。反应温度与转化深度两者之间具有良好的线性关系：增加10%的转化率，反应温度提高约4℃。

11. 加氢裂化的温度一般在什么范围？

答：一般加氢裂化选用温度根据催化剂的性能、原料性质和产品要求来确定，温度范围为 260~400℃。

12. 反应温度对加氢脱芳烃有什么影响？

答：反应温度对加氢脱芳烃既有动力学因素，也有热力学因素。从动力学方面看，反应温度增高，可以提高反应速率，对芳烃饱和反应有利。从热力学方面看，加氢饱和反应是放热反应，其加氢反应的活化能低于其脱氢反应的活化能，因此，提高反应温度，脱氢反应速率的增值大于加氢反应。随着温度的提高，脱芳烃率会出现一个最高点，该点温度就是芳烃加氢的反应温度拐点。低于这一温度为动力学控制范围，高于该温度为热力学控制范围。

13. 为什么要控制床层温度？

答：加氢精制的加氢脱硫、加氢脱氮、芳烃加氢饱和及加氢裂化都是强放热反应，因此有效控制床层温升是十分重要的。若由于某些原因导致反应物流从催化剂床层携带出的热量少于加氢反应放出热量，就可能会发生温度升高—急剧放热—温度"飞升"的现象，如果床层温度过高，可能会导致催化剂活性降低或失去活性，从而影响加氢反应的效率和产品质量。高温还可能会导致设备（如反应器、压缩机等）受到损害，影响设备的寿命和使用效果。过高的温度可能会引发安全事故，如火灾或爆炸，因此控制床层温度是保障生产安全的重要措施。

14. 如何控制床层温度？

答：一般通过调节进料加热炉出口温度，控制反应器第一床层的反应温度；采用床层之间的急冷氢量调节下部床层的入口温度控制其床层温升，并且尽量控制各床层的入口温度相同，使之达到预期的精制效果和裂化深度，并维持长期稳定运转，以有利于延长催化剂的使用寿命。

15. 为什么要尽可能控制反应床层入口温度相等？

答：(1) 使床层的催化剂负荷相近，失活速率也相近，可以最大限度地发挥所有催化剂的效能。

(2) 催化剂床层入口温度相等对产品分布有一定好处。

(3) 可以降低床层的最高点温度，大大减少二次反应的发生，减少气体产品和液化气组分，提高装置液体收率。

16. 如何计算反应器床层温升？

答：反应器床层温升 = $\sum$ 单一床层温升 = $\sum$（各床层出口温度 − 入口温度）。

17. 加权平均床层温度的定义是什么？

答：为了监测加氢反应器催化剂床层内的温度，在各床层内设置了多组热电偶，每一组检测的温度值不同，为了得到反应的平均温度，通常用反应器加权平均床层温度（WABT）来表示整个反应器内催化剂床层的平均温度。

WABT=∑（测温点权重因子 × 测温点显示温度）。

当同一层测温点有多支热电偶时，以所有热电偶显示温度的算术平均值作为该测温点温度。

假定床层温升按直线分布，各测温点所能代表的催化剂重量作为各测温点的权重因子。具体描述如下：

（1）从催化剂床层进口到第一层测温点的催化剂重量由第一层测温点代表；

（2）相邻两层测温点之间的催化剂重量，一半由上层测温点代表，另一半由下层测温点代表；

（3）从催化剂床层最低一层测温点到催化剂床层出口的催化剂重量由最低一层测温点代表；

（4）每层测温点存在多支热电偶时，以该层所有热电偶测温值的算术平均值作为本层测温点代表。

18. 径向温差对反应操作有什么影响？

答：同一截面上最高点温度与最低点温度之差称为催化剂床层的径向温差。

在催化剂床层入口分配器设计不当、催化剂部分床层塌陷、床层支撑结构损坏等情况下，会直接引发催化剂床层径向温差。反应器入口分配盘不均匀积垢、床层顶部"结盖"、催化剂经过长时间运转、装置紧急停工后重新投运、有大的工艺条件变动（如进油量、循环气量大幅度变化）等情况下，催化剂床层也可能出现径向温差。

径向温差的大小反映了反应物流在催化剂床层里的分布情况。一旦催化剂床层出现较大的径向温差，其对催化剂的影响几乎与轴向温升相同，而对质量、选择性方面造成的影响远大于轴向温升。例如加氢裂化工艺中，当催化剂床层径向温差超过11℃时已经认为物流分配不当，当超过17℃时就应该考虑停工处理。

19. 催化剂床层形成热点的原因是什么？

答：反应器内催化剂径向装填不均匀时，会导致反应物料在催化剂床层内"沟流""边壁""塌陷"等，床层内存在的通道阻力不同，以循环氢为主体的气相物流更倾向于占据阻力小、易于通过的通道，而以原料油为主体的液体物流则被迫流经装填更加紧密的催化剂床层，从而造成气、液相分离，使气液间的传质速率降低，反应效果变差。

由于在此状态下循环氢带热效果差，易造成床层高温热点的出现，继而造成热点区的催化剂结焦速度加快，使得该区域的床层压力降增大，使流经该热点床层的气相流量更少，反应热量不能及时带走，使得该点温度更高，形成恶性循环。

20. 反应压力对加氢精制有什么影响？

答：反应压力的影响通过氢分压来体现，氢分压由系统压力、循环氢纯度、氢耗、氢油比和原料油的汽化率来决定。在较高的反应压力下，加氢精制反应深度不受热力学平衡控制，而取决于反应速率和反应时间；提高压力使反应时间延长，提高了加氢反应深度，脱氮率显著提高，对脱硫率影响不大。

21. 反应压力对加氢裂化有什么影响？

答：反应压力对加氢裂化反应速率和转化率的影响，因所用催化剂类型不同而有所不同。使用加氢型（酸性活性低）的催化剂时，加氢裂化转化率随压力升高而增加；压力对反应速率的影响比较复杂，需要针对具体反应进行分析。使用高酸性催化剂时，随反应压力升高，转化率开始随压力升高而增大，然后又随压力升高而下降。

22. 加氢裂化采用的压力大约是多少？

答：根据原料组成不同，加氢裂化采用压力不同，直馏瓦斯油约7.0MPa，减压馏分油和催化裂化循环油10.0～15.0MPa，而渣油则要20.0MPa。反应压力不仅是一个操作因素，也关系到工业装置的设备投资和能量消耗。

23. 反应压力对芳烃加氢有什么影响？

答：加氢精制条件下，芳烃加氢属于受热力学控制的一类反应，芳烃加氢反应的转化率随反应压力升高而显著提高，反应速率也成倍提高。

24. 监测反应器压差有什么意义？

答：随着生产周期的延长，催化剂床层会结焦、结垢，催化剂会出现颗粒粉碎及杂质堵塞现象，需要监测反应器出口及上下床层的压差，这样便于合理地分析原因，采取措施及掌握装置的开工周期。

25. 导致催化剂床层压力降增加的因素有哪些？

答：导致催化剂床层压力降增加的主要因素如下。

（1）系统管线的腐蚀产物（铁锈等）及原料油中带进来的焦粉沉积于床层表面，堵塞瓷球间的间隙和催化剂颗粒间的间隙，引起催化剂床层压力降升高。

（2）原料油组分偏重或催化剂床层局部温度过高引起原料油结焦，催化剂积炭严重，甚至结块，引起催化剂床层压力降升高。

（3）催化剂装填质量差，开工进油后，催化剂床层位移、塌陷，或者催化剂干燥时升温过快、原料带水等原因引起催化剂颗粒破碎，粉末堵塞颗粒间隙，引起催化剂床层压力降升高。

（4）操作方法不当，原料油量或气体量突然增大，使催化剂床层发生异常位移，引起催化剂床层压力降升高。

26. 加氢精制的氢气来自哪里？

答：加氢精制的氢气多数来自催化重整的副产氢气，当副产氢气不能满足需要时，或者无催化重整装置时，需另建制氢装置。

27. 循环氢中硫化氢浓度对加氢脱芳烃有什么影响？

答：硫化氢对加氢脱芳烃的阻滞活性作用是由于芳烃和硫化氢的竞争吸附，但硫化氢又是保持催化剂活性金属组分硫化态所不可缺少的，因此在芳烃加氢饱和反应中，要适当控制循环氢中硫化氢的含量。

28. 氢分压是怎样计算的？

答：氢分压与反应压力、氢气纯度以及液体气化率有关，简化计算如下：

反应器入口氢分压 = 反应器入口压力 × 反应器入口循环氢纯度。

29. 为什么要保证足够的氢分压？

答：（1）对于烯烃、芳烃以及非烃的硫化合物、氮化合物，不管是加氢反应，还是氢解反应，氢分压的增高都可使加氢的可逆反应朝有利于生成加氢化合物方向移动。

（2）含氮稠环有机化合物的碱性大，对裂化催化剂活性的毒害大，要转化这些氮化合物，远比烯烃饱和、脱硫所需的氢分压高。因此维持足够的氢分压，保证精制反应器流出物氮含量达到较低的指标，对维持裂化催化剂的活性十分必要。

(3) 增加氢分压不仅能够移动平衡的位置，而且能增加反应速率。在裂化反应中，增加氢分压可以生成较小的分子（如氢原子），这些小分子有助于加速反应过程。

(4) 如果氢分压低，其周围介质没有足够的氢气，不能及时加氢，就会使裂化反应生成的不饱和化合物产生缩合反应，在催化剂上结焦、积炭。

因此为了保护裂化催化剂活性，抑制催化剂失活，加强原料油脱氮，避免裂化反应产物缩合生焦，要保证足够的氢分压。

30. 有哪些途径可提高氢分压？

答：提高系统总压力、提高补充氢纯度、提高循环氢排放、降低冷高分温度、提高循环氢速率等途径可提高氢分压。

31. 什么是空速？

答：空速是单位时间通过单位催化剂的原料量，它反映了装置的处理能力。对于一定量的催化剂，加大新原料的进料速度将增大空速。实际工业应用中，加氢装置进料的体积流量比较容易测得，多采用液时空速（LHSV），定义如下：

$$\text{LHSV (h}^{-1}) = \frac{\text{反应器入口总进料量 (m}^3\text{/h)}}{\text{催化剂的总体积量 (m}^3)}$$

32. 空速对加氢精制有什么影响？

答：在给定温度下降低空速，对提高反应深度有利，烯烃饱和率、脱硫率和脱氮率都会有所提高。但较低的空速意味着相同的催化剂装置的处理能力比较低，即相同的处理量下，所需要的催化剂较多，需要较大的反应器容积，装置的建设投资费用比较大。因此要选择合适的空速。

33. 空速对加氢裂化有什么影响？

答：为确保转化率，增大空速意味着增加进料速度，需要提高催化剂的温度，导致结焦速率加快，缩短催化剂的运行周期。如果空速超出设计值很多，那么催化剂的失活速率加快，变得不可接受。

改变空速和改变温度一样，也是调节产品分布的一种手段。空速小，油品停留时间长，在温度和压力不变的情况下，则裂解反应加剧、选择性差、气体收率增大，而且油分子在催化剂床层中停留的时间延长，综合结焦的机会也随之增加。

34. 加氢过程的空速一般在什么范围？

根据催化剂的活性、原料油性质和反应深度不同，馏分油加氢精制的空速波动范围较大，工业参考值为

$0.5 \sim 10 h^{-1}$。一般原料越重，杂质含量越高，精制程度越深，催化剂活性越低，则空速越小。加氢裂化的空速一般在 $0.5 \sim 2 h^{-1}$，提高空速时总转化率降低不多，但反应产物中轻组分含量下降较多。

35. 什么是氢油比？

答：在工业装置上通用体积氢油比，是工作氢标况体积流率与原料油体积流率之比。计算公式如下：

$$氢油比 = \frac{混合循环氢量(m^3/h) \times 循环氢纯度(\%)}{原料油体积量(m^3/h)}$$

36. 氢油比对加氢过程有什么影响？

答：在反应压力一定的条件下，氢油比较高，反应器床层的平均氢分压得到提高，有利于提高反应深度和催化剂的运转周期；加氢反应往往都是放热反应，循环氢带走过程反应热，较大的氢油比可以降低催化剂床层的温升值。如果氢油比降低，催化剂结焦的可能性增大，缩短了催化剂的寿命，但是提高氢油比需要提高循环氢压缩机的功率，使动力消耗增加，操作费用增大，因此要根据具体的情况选择适当的氢油比。

37. 加氢过程氢油比在什么范围？

答：加氢精制过程反应热效应不大，生成低分子气体量少，可以采用较低的氢油比，例如汽油精制采用 $100 \sim 300$（体积比），柴油精制采用 $200 \sim 600$（体积比）；加氢裂化过程热效应较大，氢耗量较大，气体生成量也大，为保证足够的氢分压，需要采用较高的氢油比，一般采用 1000～2000（体积比）。

38. 影响循环氢流量的因素有哪些？

答：在整个系统生产运行中，要尽可能保持恒定的循环氢流量，没有特殊原因尽量不改变循环氢压缩机的操作。影响循环氢流量的因素主要有以下几个：

（1）循环氢压缩机自身排量的变化；
（2）新氢压缩机排出量的变化；
（3）循环氢旁路流量控制的变化；
（4）换热器内漏；
（5）循环氢纯度降低；
（6）反应系统压差上升，循环氢流量降低；
（7）反应深度波动。

39. 影响循环氢纯度的因素有哪些？

答：循环氢的纯度低会导致反应系统的氢分压下降，使加氢反应困难而脱氢反应容易，催化剂积炭速率增加，导致催化剂失活、转化率下降。引起循环氢纯度变化的因素有：

（1）新氢流量降低；
（2）原料硫、氮含量升高；
（3）新氢纯度变化；
（4）高压分离器温度变化；

(5) 反应注水量的变化。

40. 如何判断反应转化率？

答：判断反应转化率的途径很多，无论热高分流程还是冷高分流程，主要从下面几点综合判断。

(1) 床层温升。温升高代表放热量大、转化率高（在进料量或反应器入口温度波动时不适用）。

(2) 床层单点温度。与床层温升相比较，床层单点温度最直接，而且不存在假象。床层单点温度下降表明转化率降低，反之提高。

(3) 氢耗量。吨油氢耗增加转化率提高，反之降低。

(4) 低分气量。低分气量增加转化率提高，反之转化率降低（新氢纯度波动时不适用）。

(5) 冷高分减油量。冷高分减油量高转化率高，反之则低。

41. 冷氢的作用是什么？

答：通过进入催化剂床层间的冷氢均匀控制反应温度和各床层温升，使各床层的催化剂负荷相近，以最大限度发挥催化剂的效能。

42. 如何调节冷氢量？

答：开始运转时，为了平均利用催化剂活性，延长使用寿命，就要注入一定量的冷氢，并实现自动调节。之后根据床层温升情况再进行调整。在使用某点冷氢时，要考虑对其他冷氢点的影响，正常的操作应保持各床层冷氢阀开度在 10%～50% 状态，以备应急。当床层温度急升时首先用冷氢迎面截住，并适当调整炉温，降低反应器入口温度。

43．影响冷氢量的因素有哪些？

答：冷氢是控制床层温度的重要手段，冷氢量应根据床层温度的变化而相应改变。影响冷氢量大小的因素有：

（1）床层温升的变化；
（2）循环氢总流量的变化及循环氢压缩机负荷情况；
（3）新氢流量的变化；
（4）精制反应器和裂化反应器入口流量的变化；
（5）某点冷氢量的变化。

44．什么是氢耗？影响氢耗的因素有哪些？

答：加工单位质量的原料所消耗氢气的质量分数称为氢耗，包括化学氢耗、溶解氢耗、泄漏损耗和排放废氢。

计算公式如下：

$$H = \frac{\frac{\Delta V_{H_2}}{22.4} \times 2.016}{\text{进料油量}} \times 100\%$$

ΔV_{H_2} = 补充的新氢流量 × 新氢氢纯度

若计算化学氢耗，则

ΔV_{H_2} = 补充新氢流量 × 新氢纯度 − 高分排放量 ×

高分尾气氢纯度 − 低分气流量 × 低分气氢纯度 − 硫化氢汽提塔顶气流量 × 塔顶气氢纯度

45. 什么是化学氢耗？

答：在化学反应中加氢过程消耗的氢气为化学氢耗，即消耗在脱硫、脱氮、脱氧以及烯烃和芳烃饱和反应、加氢裂化和开环反应中的氢气。不同的反应过程、不同的进料化学组成和对产品质量的不同要求而导致的不同苛刻度，是影响化学氢耗量的主要因素。

46. 什么是溶解氢？

答：溶解氢是在高压下溶于加氢生成油中的氢气。在加氢生成油从高压分离器减压流入低压分离器时随油排出而造成的损失（又称为溶解损失），与高压分离器的操作压力、温度和生成油的性质及气体（含氢气）的溶解度有关。高压分离器操作压力越高或操作温度越低时，氢气的溶解损失越大；生成油越轻时，氢在油中的溶解度越大。

47. 什么是泄漏氢气损耗？

答：泄漏氢气损耗是管道或高压设备的法兰连接处及压缩机密封点等部位的泄漏损失，该泄漏量大小与设备制造和安装质量有关。主要的漏损出自新氢压缩机的运动部位，一般在开车前均经过试漏检查，因此泄漏量很小，一般设备漏损量取值为总循环氢量体积的 1.0% ~ 1.5%。

48. 为什么控制高压空冷入口温度？

答：高压空冷入口温度应在 150～160℃ 之间，有利于注水的汽化及分配，提高溶 NH_4^+ 效果。一般情况下，尽量调整高压空冷前面的换热流程，保证空冷入口温度。过低的温度会导致铵盐的结晶析出，阻塞空冷前部高压换热器管路，经常改变注水点冲洗高压换热器，影响操作的同时，对高压换热器腐蚀加剧。过高的入口温度使前部换热量减少，增加反应加热炉燃料消耗的同时，增加空冷负荷，对安全生产有一定影响。

49. 为什么控制高压空冷出口温度？

答：空冷出口温度越低，高分内气体的线速度越小，越不易带液；出口温度过高造成线速度增加，带液量增加，不利于循环氢压缩机的安全运行；控制空冷出口温度过低，能耗增加。控制高压空冷器出口设计温度 ≤ 50℃，目的是防止高分的气体线速度过大而夹带液体破坏循环。高压空冷出口温度高，使循环氢中携带烃类，使循环氢的氢纯度降低。对于设循环氢脱硫的装置，高压空冷出口温度过高，使循环氢中携带烃类导致胺液发泡，脱硫效果变差，严重时出现循环氢带液，影响循氢机的安全运行。

50. 脱硫化氢汽提塔顶注入缓蚀剂的目的是什么？

答：由于从脱硫化氢汽提塔顶部出来的气体含硫化

氢量较大,在低温状态下会与水形成硫化氢—水腐蚀;加入缓蚀剂后,在容器和管线表面形成一层保护膜,这样就大大地减少了塔顶管线和容器等设备的腐蚀。

51. 缓蚀剂的作用机理是什么?

答:缓蚀剂是一种有机化合物,实际上是一种表面活性物质,在设备介质里注入缓蚀剂后,缓蚀剂的分子吸附在金属表面,形成一层保护膜,阻止腐蚀物质腐蚀金属。

缓蚀剂用量小时,不能形成保护膜;用量过大时,易产生油水乳化,因此,缓蚀剂的用量要适中。

52. 稳定塔的作用与主要任务是什么?

答:稳定塔操作的主要任务是将 C_4 及以上组分和石脑油组分分离,塔顶得到液化气,塔底得到稳定石脑油。以保证石脑油分离塔顶的轻石脑油的 10% 馏出温度和蒸气压符合产品质量要求。

53. 如何选择稳定塔进料位置?

答:选择稳定塔的进料位置总的原则是根据进料汽化的程度。进料温度高采用下进料口,进料温度低采用上进料口,夏季气温高采用下进料口,冬季气温低采用上进料口。

54. 稳定塔顶温度对产品质量有什么影响?

答:稳定塔顶温度偏高,会使液化气中 C_5 含量上升；稳定塔顶温度偏低，会使稳定汽油饱和蒸气压升高，10%馏出温度降低。

55. 稳定塔底温度对产品质量有什么影响？

答：稳定塔底温度偏低，稳定汽油蒸气压（或10%馏出温度）不合格；稳定塔底温度过高，可能使顶温升高，导致液化气中 C_5 含量升高。塔底温度控制应以保证汽油蒸气压合格为准。

56. 稳定塔的压力控制应以什么为准？

答：稳定塔的压力应控制在使液化气（C_3、C_4）完全冷凝为准，也就是要使操作压力高于液化气在冷凝温度下的饱和蒸气压。

第四章 典型加氢工艺流程

1. 加氢精制装置由哪几部分组成？

答：加氢精制工艺流程包括反应系统，生成油换热、冷却、分离系统和循环氢系统三部分，在二次加工油精制装置中一般还采用原料油除氧和生成油注水系统。图4-1为典型的柴油加氢精制工艺流程图。

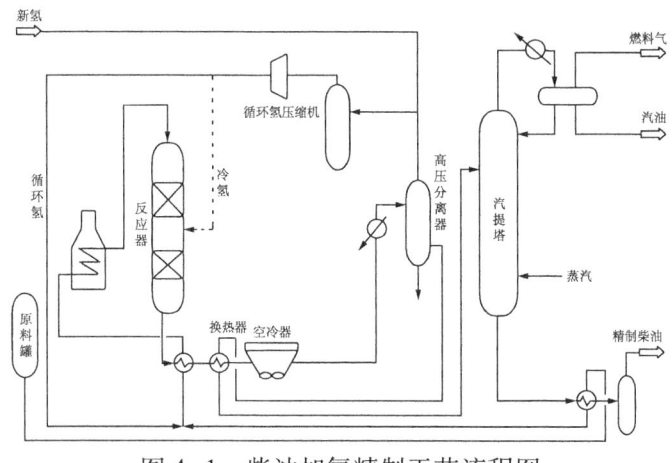

图4-1 柴油加氢精制工艺流程图

2. 原料油带水对催化剂有什么影响？

答：原料油带水对催化剂的活性和强度有较大影响，严重时影响催化剂使用寿命；水汽化时要吸收较大的热量,这将增加反应炉的热负荷;水汽化后使系统压力增大,引起压力波动,甚至超压。加氢反应器原料油初始带水较多时,由于水汽化吸收大量热,造成床层温度下降,当原料油基本不带水后,床层温度上升,当冷氢阀不好用或冷氢量不足时,床层可能超温,甚至"飞温",温度急剧波动会引起催化剂的破碎。

3. 怎样处理原料油严重带水问题?

答:(1)从原料油来源控制原料带水问题;(2)加强中间罐区和原料油缓冲罐脱水;(3)稳定反应压力、温度,尽量减小原料带水造成的影响;(4)如果原料含水大于300μg/g,而且操作严重波动,有危及装置安全的危险,应紧急降温降量直至切断反应进料,按"新鲜进料中断"方案处理。

4. 进料加热炉的作用是什么?

答:加热炉是以燃料油、燃料气或电、煤等作为加热热源,对受热流体进行加热的设备,加氢装置的加热炉的作用是把反应原料(原料油和循环氢)加热到反应需要的温度。

5. 什么是炉前混氢?

答:炉前混氢是原料油经换热并与循环氢压缩机来的循环氢混合,以气液混相状态进入加热炉,加热至反应温度,再进入反应器。

6. 两相流的加热炉如何考虑流速？

答：在加热炉管中有两个以上流路时，除了减少压降和避免结焦，还要考虑低流速很容易产生偏流。一旦出现偏流，则结焦导致阻力增加，加剧偏流，如此恶性循环可能很快导致炉管烧穿。对这种情况，炉前混氢的加热炉选择流速的同时还应考虑流型。

7. 加热炉内的两相流有几种流型？

答：两相流的流型一般分为波状流、泡沫流、长泡流、液节流、环雾流和雾状流。流型除取决于气—液两相的分量及其物理性质外，主要取决于流速。为了避免结焦，流速（混合流速）最小应能保证得到环雾流和雾状流。考虑炉前混氢的加热炉内油品结焦倾向很大，因此在设计时，应保证70%处理量时仍能达到环雾流。当然在实际操作中，如果处理量再低，还可以采取加大氢油比等措施来保证高流速。

8. 炉前混氢的难点是什么？

答：炉前混氢的最大难点是大处理量的装置炉管内介质存在气液两相流分配的问题，因此在设计炉前混氢时要充分核算，取得最优化的结果。

9. 炉前混氢有什么优点？

答：炉前混氢的优点是换热流程及换热器设计简单、传热系数高、换热面积小，在事故情况下，加热炉不易断流。通常炉前混氢只需要一台炉子、一套控制设备，材料消耗及占地面积都较少，而且操作方便、费用低。

10．什么是炉后混氢？

答：炉后混氢是循环氢不经加热炉而在炉后与原料油混合的流程，需要循环氢加热炉，保证混合后能达到反应器入口温度的要求。炉后混氢的关键是要有足够的氢气循环量（氢油比）携带热量，而不会使氢气加热炉出口温度过高。

11．炉后混氢有什么优点？

答：炉后混氢的优点如下。

（1）氢气较纯净，不会结焦，因此可以大大地提高加热炉管的壁温，使加热炉体积缩小，节省钢材。

（2）氢气较均匀，对于多路进料的加热炉，只要各路阻力相等，无须调节阀即可自动分配均匀，节省投资。

（3）管内流体是单相流动，加热炉易设计，平稳易控制，有些换热器可视情况降低材质，节省投资。

12．炉后混氢有什么缺点？

答：炉后混氢流程需要两台加热炉，即原料油加热炉和循环氢加热炉，缺点是占地面积和总的材料消耗都比较大，管线连接复杂，操作费用也高，有时也达不到节省钢材的目的。

13. 单相流的加热炉如何考虑流速？

答：在纯液相流的炉内，流速的选择主要考虑减少压降和避免结焦两个方面。流速高，可以达到紊流状态，降低油膜温差，避免局部过热；同时可起到冲刷作用，使焦层脱落快，对避免结焦有利。但压降与流速二次方成正比，过高的流速不仅增加了泵的电耗，还可能使加热炉上游的设备和配件压力等级升高，使一次投资增加。反之，降低流速，特别是流速低到出现层流状态时，结焦几乎是不可避免的。

14. 冷氢作为冷却介质有哪些优点？

答：(1) 对加氢反应的平衡转化率有利；(2) 对加快反应速率有利；(3) 对提高催化剂稳定性有利；(4) 有利于提高单位反应空间的效率或最低限度不使该效率降低。此外，采用冷氢作为冷却介质还具有调节温度灵敏、操作方便、不易产生飞温等优点。

15. 为什么要在反应产物进入冷却器前注入高压洗涤水？

答：反应中生成的氨、硫化氢和低分子气态烃会降低反应系统中的氢分压，对反应不利，而且在较低温度下还能与水生成水合物（结晶）而堵塞管线和换热器管束，氨还能使催化剂减活，因此必须在反应产物进入冷却器前注入高压洗涤水，在氨溶于水的过程中，部分硫化氢也溶于水，随后在高压分离器中分出。

16. 反应停止注水后反应深度如何变化？

答：反应停止注水后，即使操作条件不变，反应深度也会下降。这是因为加氢裂化催化剂是双功能催化剂，既有加氢功能又有裂化功能，而实现裂化功能的是催化剂的酸性中心，这些酸性中心很容易吸附显碱性的 NH_3，反应停止注水后，循环氢中的氨含量大幅度增加，大量的 NH_3 吸附到催化剂酸性中心上，这样与油品反应的有效酸性中心数量降低，使催化剂整体活性降低，如果不提高催化剂床层温度，反应的深度会降低。同时，氨的存在抑制了二次反应的发生，减少了气体产品的生成。

17. 高压分离器的作用是什么？

答：高压分离器的分离过程实际上是平衡汽化过程，反应产物在其中进行油气分离，分出的气体是循环氢，充分利用氢气资源循环使用，其中除了主要成分氢气还有少量气态烃和未溶于水的硫化氢；分出的液体产物是加氢生成油，其中也溶有少量气态烃和硫化氢。

18. 冷高分和热高分的流程是什么？

答：热高分顶部高温气体经过换热、冷却送至冷高分，热高分油送到热低分进行进一步分离。冷高分操作温度一般在 40~50℃，冷高分内进行气、油、水三相分离，冷高分气送至循环氢压缩机入口循环使用。冷高分酸性水与冷低分分离出的酸性水一起送到污水处理单元。冷高分油送到冷低分进一步分离。

19. 循环氢系统起到什么作用？

答：为了保证循环氢的纯度，避免硫化氢在系统中累积，由高压分离器分出的循环氢经脱硫除去硫化氢，再经循环氢压缩机升压至反应压力送回反应系统。循环氢的主要部分送去与原料油混合，其余部分不经加热直接送入反应器作为冷氢。

20. 生成油汽提塔有什么作用？

答：反应过程中必须除去生成油中溶解的氨、硫化氢和气态烃，而且也会产生一些汽油馏分，通过汽提塔，塔底产出精制柴油，塔顶产物经冷凝冷却进入分离器，分出油的部分作为塔顶回流，部分引出装置，分出气体经脱硫作为燃料气。

21. 重油加氢原料指哪些油？

答：重油加氢原料通常指常规原油的常压渣油、减压渣油及其溶剂脱沥青油、减黏渣油、重质及超重质原油、油砂沥青和煤焦油等。

22. 重油加氢工艺分为几类？

答：重油加氢工艺按目的可分为加氢处理和加氢裂化两大类；按反应器床层形式可分为固定床、移动床、沸腾床和悬浮床或浆液床加氢工艺。

23. 重油加氢的目的是什么？

答：重油加氢处理的主要目的有两个。一是经脱硫后直接制得低硫燃料油；二是经预处理后为催化裂化和加氢裂化等后续加工提供原料。重油加氢裂化是在氢气存在下，至少使 50% 的反应物分子变小，提高轻质油收率。

24. 加氢裂化有哪些工艺流程？

答：加氢裂化工艺绝大多数采用固定床反应器，根据原料性质、产品要求和处理量的大小，加氢裂化装置一般按照一段加氢裂化和两段加氢裂化两种流程操作。除固定床加氢裂化外，还有沸腾床加氢裂化和悬浮床加氢裂化等工艺。

25. 固定床一段加氢裂化工艺的特点是什么？

答：固定床一段加氢裂化工艺流程如图 4-2 所示，装置只有一个反应器，原料油的加氢精制和加氢裂化在同一个反应器内进行，反应器上部为精制段，下部为裂化段。该工艺主要用于由粗汽油生产液化气，由减压蜡油和脱沥青油生产航空煤油和柴油等。

26. 固定床一段加氢裂化有几种操作方案？

答：固定床一段加氢裂化可用三种方案进行操作。(1) 原料一次通过；(2) 尾油部分循环；(3) 尾油全部循环。

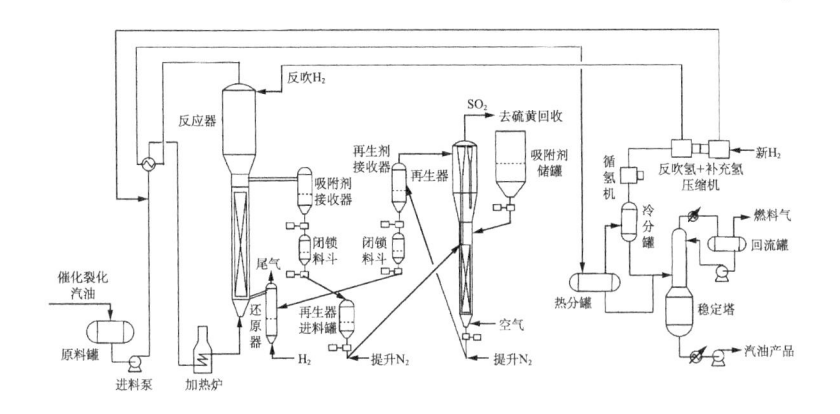

图 4-2　固定床一段加氢裂化工艺流程图

27. 固定床一段加氢裂化适用于哪些情况？

答：固定床一段加氢裂化流程适用于由粗汽油生产液化气，由减压蜡油、脱沥青油生产航空煤油和柴油。

28. 固定床两段加氢裂化工艺的特点是什么？

答：固定床两段加氢裂化工艺流程如图 4-3 所示，装置有两个反应器，分别装有不同性能的催化剂。第一个反应器主要进行原料油的精制，使用活性高的催化剂对原料油进行预处理；第二个反应器主要进行加氢裂化反应，在裂化活性较高的催化剂上进行裂化反应和异构化反应，最大限度生产汽油和中间馏分油。两段加氢裂化工艺对原料的适应性大，操作比较灵活。

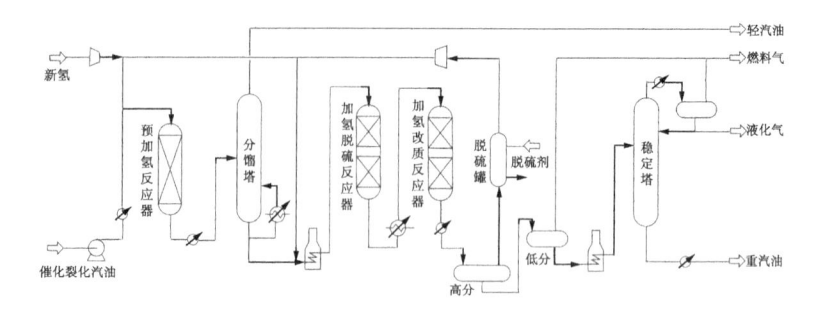

图 4-3　固定床两段加氢裂化工艺流程图

29. 两段加氢裂化有几种操作方案？

答：两段加氢裂化有两种操作方案。(1) 第一段精制，第二段加氢裂化；(2) 第一段除进行精制外，还进行部分裂化，第二段进行加氢裂化。

30. 两段加氢精制反应器中主要有哪些反应？

答：两段加氢裂化工艺中，加氢精制反应器的目的是除去原料油中的硫化物、氮化物，同时使烯烃和稠环芳烃饱和，生成不含杂质的烃类以及硫化氢和氨，为裂化反应提供合格原料。其他精制反应包括脱除氧、脱除金属和卤素。在所有这些反应中，均需消耗氢气，并且均有放热。主要的反应类型是加氢反应和氢解反应，氢解反应主要是脱硫、脱氮、脱氧，加氢反应主要是烯烃和芳烃等不饱和烃以及含氮化合物的加氢饱和。

31. 两段加氢裂化流程适用于哪些情况？

答：两段加氢裂化流程适用于处理高硫、高氮减压蜡油，催化裂化循环油，焦化蜡油或者这些油的混合油，即适合处理一段加氢裂化难处理或不能处理的原料。

32. 固定床串联加氢裂化工艺的特点是什么？

答：固定床串联加氢裂化装置工艺流程如图4-4所示。将两个反应器进行串联，并且在反应器中填装不同的催化剂：第一个反应器装入脱硫脱氮活性好的加氢催化剂，第二个反应器装入抗氨、抗硫化氢的分子筛加氢裂化催化剂。其他部分与一段加氢裂化流程相同。

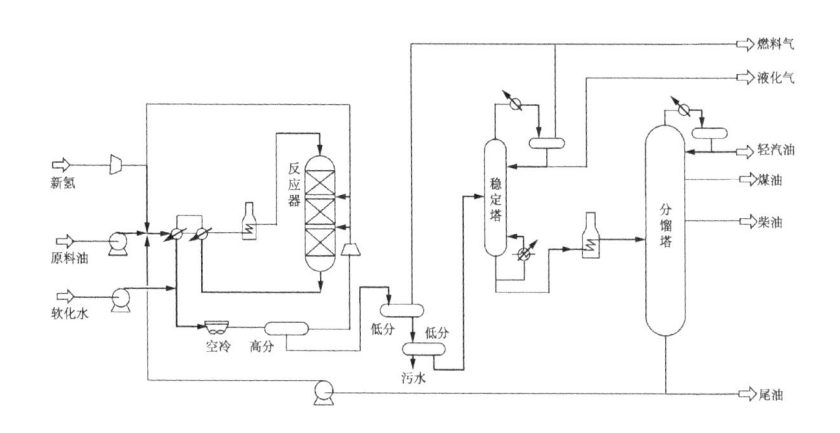

图4-4 固定床串联加氢裂化工艺流程图

33. 固定床串联加氢裂化流程有什么优点？

答：同一段加氢裂化流程相比，串联流程的优点在于只要通过改变操作条件，就可以最大限度地生产汽油或航空煤油和柴油。例如，要多生产航空煤油或柴油时，只要降低第二反应器的温度；要多生产汽油时，则只要提高第二反应器的温度。

34. 什么是沸腾床加氢裂化？

答：沸腾床加氢裂化是进料与氢气混合后，从反应器底部进入，在反应器中的催化剂借助液体的内部循环运动而处于沸腾状态，形成气、液、固三相床层，从而使氢气、原料油和催化剂充分接触而完成加氢裂化反应。该工艺可以处理金属含量和残炭值较高的原料（如减压渣油），并可使重油深度转化。但是该工艺的操作温度较高，一般在 400～450℃。

35. 什么是悬浮床加氢裂化？

答：悬浮床加氢裂化工艺流程如图 4-5 所示，基本流程是以细粉状催化剂与原料预先混合，再与氢气一同进入反应器自下而上流动，形成气、液、固三相床层，进行加氢裂化反应；催化剂悬浮于液相中，且随着反应产物一起从反应器顶部流出。该工艺可以加工非常劣质的原料，其原理与沸腾床相似。

36. 我国柴油加氢精制工艺有哪些？

答：我国发展的几种柴油加氢精制工艺简介如下。

（1）柴油中压加氢改质技术（MHUG）。MHUG 技术由中国石化石油化工科学研究院（RIPP）开发，采用单段、两剂串联、一次通过流程。目的是改善劣质 FCC

柴油和 FCC 柴油与常三减一混合原料的质量。经 MIIUG 工艺改质后的柴油密度与原料油相比低约 40kg/m^3，十六烷值提高 14 个单位，硫含量低于 10μg/g，同时可生产高芳潜的重整原料和优质的乙烯原料（加氢尾油），在合适的原料及工艺条件下，可生产合格的 3 号喷气燃料。

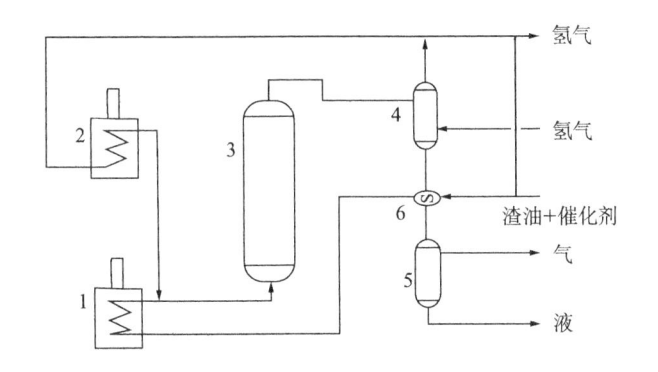

图 4-5 悬浮床加氢装置流程简图

1—进料预热炉；2—循环氢预热炉；3—悬浮床反应器；
4—热高分分离器；5—冷高分分离器；6—换热器

（2）提高柴油十六烷值、降低柴油密度技术（RICH）。RICH 技术由中国石化石油化工科学研究院（RIPP）开发，在中等压力下操作，采用单段单剂、一次通过的工艺流程（与传统加氢精制相一致）。所选用的主催化剂 RIC-1 是专门针对劣质 FCC 柴油特点而设计开发的，具有加氢脱硫、加氢脱氮、烯烃和芳烃饱和以及开环裂化等功能。可以大幅度提高十六烷值和降低密度，十六烷值提高 10 个单位以上，柴油收率＞95%（质量分数）。

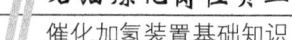

该催化剂对氮中毒不敏感,操作上具有良好灵活性。RICH 技术不仅适用于新建的柴油加氢装置,而且非常适合传统柴油加氢精制装置的技术升级改造。

(3)催化柴油单段加氢处理脱硫脱芳技术(SSHT)。SSHT 技术由中国石化石油化工科学研究院(RIPP)开发,在中压条件下 SSHT 技术采用单段单剂、一次通过的工艺流程,以生产满足环保要求的低硫低芳柴油,芳烃饱和率可达到 40%～70%,产品的十六烷值可提高 10～16 个单位。

(4)提高柴油十六烷值的 MCI 技术。MCI 技术由抚顺石油化工科学研究院(FRIPP)开发,是专门针对降低柴油硫氮含量、提高十六烷值的工艺技术,采用 MCI 技术在中等压力下可以使柴油十六烷值增加 10～16 个单位,柴油收率＞95%(质量分数)。

(5)MCI—临氢降凝组合技术。MCI—临氢降凝组合技术以催化裂化和直馏柴油为原料,可使柴油的凝点降至 -35℃ 以下,十六烷值提高 10 个单位。操作弹性大,可以较大范围改变精制柴油的凝固点,增加炼厂生产组织的灵活性。

(6)加氢/改质—脱芳烃组合工艺。FRIPP 开发的加氢/改质—脱芳烃组合工艺分为单段工艺和两段工艺,加工芳烃含量为 71.2%(质量分数)、十六烷值低于 24 的催化裂化柴油,在氢分压为 8.0MPa、反应温度为 360℃、体积空速为 $0.6h^{-1}$、氢油体积比为 500 的条件下，采用单段工艺流程可使柴油芳烃含量至 29.6%（质量分数），十六烷值提高至 39.8，而采用该工艺两段工艺流程可使柴油的芳烃含量降至 16.5%（质量分数），十六烷值提高至 40.7。

第五章　加氢工艺主要设备

1. 加氢原料油为什么要过滤？

答：因原料油中含有杂质及焦粉，进到装置后一方面会使换热器或其他设备结垢或堵塞，增加设备的压力降及降低换热器的换热效果，更重要的是会污染催化剂或使催化剂表面结垢、结焦，从而降低活性，床层压力降增大，缩短了运转周期，因此原料油一定要过滤。

2. 自动反冲洗过滤器有什么作用？

答：原料油自动反冲洗过滤器主要是过滤原料油中的杂质，需要满足一定过滤精度（例如，大于 25μm 的杂质脱除率达到 98%，大于 15μm 的杂质脱除率达到 70%），以起到保护催化剂的作用。操作时应定期检查过滤装置，确保进反应器前原料油杂质脱除干净。

3. 原料油缓冲罐的作用是什么？

答：缓冲罐主要起缓冲作用，减少外部因素对原料油泵流量的影响。一般原料油在缓冲罐中的停留时间设为 10～15min。

4．什么是管式加热炉？

答：在石油化工厂装置内所用的加热炉都是通过管道将油品或其他介质进行加热的，因此称为管式加热炉，通常称加热炉或炉子。

5．加热炉的主要工艺指标是什么？

答：加热炉的主要工艺指标包括热负荷、炉膛温度、炉膛热强度、炉管表面热强度、加热炉热效率、油品在管内流速及压力降。

6．加热炉中的传热方式有哪几种？

答：加热炉中的传热分为对流传热、辐射传热和传导传热三种方式。

（1）对流传热主要发生在对流室烟气与对流管外表面间以及对流管内油品内部的传热。

（2）辐射传热主要发生在辐射室内火焰和烟气对炉管及炉墙的辐射。

（3）传导传热发生在炉管壁中及管壁与其两侧介质直接接触部位的热交换。

7．什么是对流传热？

答：对流传热是液体或气体依靠分子间相互变动位置而将热能从空间的高温处传到低温处的传热方式。

8．什么是对流室？

答：对流室是以对流传热为主要传热方式的加热炉

炉室，对流室炉管表面所受的热主要由烟气的对流传热来供给，也有少量的辐射传热。对流室中有对流管、热电偶、吹灰器等。

9. 什么是辐射传热？

答：辐射传热是不借助任何传递介质，热能以电磁波的形式发射而在空间传播，当辐射热能遇到另一物体时，部分或全部地被吸收后转变成热能的传热方式。

10. 什么是辐射室？

答：管式加热炉中以辐射传热为主的炉室（即炉膛）为辐射室。辐射室炉管表面所受的热主要是由火焰、高温气体和火墙所发出的辐射热，烟气的对流传热则较少。辐射室有炉管、燃烧器、看火门、防爆门和热电偶等。

11. 什么是炉管表面热强度？

答：单位时间内，通过单位炉管表面积所吸收的热量称为炉管表面热强度。

12. 影响炉管表面热强度的因素有哪些？

答：影响炉管表面热强度的因素如下。（1）炉管管壁温度；（2）炉膛传热的均匀性；（3）管内油品或其他介质的性质、温度、压力、流速等；（4）炉管材质等。

13. 烟囱的作用是什么？

答：（1）将烟气排入高空，减少地面的污染；（2）当加热炉自然通风燃烧时，利用烟囱形成的抽力将外界空气吸入炉内供燃料燃烧。

14. 加热炉烟囱温度对加热炉有什么影响？

答：加热炉烟囱温度高，排烟损失能量大，炉效率低；烟囱温度太低，则硫化物燃烧生成的三氧化二硫、二氧化硫与凝结在炉管低温受热面上的水反应生成硫酸、亚硫酸，对炉管产生严重腐蚀，即低温腐蚀或露点腐蚀。

15. 烟道挡板的作用是什么？

答：烟气余热回收投用正常时，烟道挡板处于全关状态。一旦引风机入口压力高于允许压力时打开挡板泄压，保证加热炉安全；调整挡板开度可以改变炉膛负压，使加热炉燃料燃烧正常。

加热炉烟道挡板开度太大时，抽力大、烟气温度高、损失能量大；另外，由于烟道挡板开度大，对流室炉管表面热强度也明显上升，同时对流管受热不均匀，因此容易造成对流管局部结焦。

16. 加热炉烟囱抽力是怎样产生的？

答：烟囱的抽力是由于烟囱烟气温度比外界空气的温度高得多，使得烟气密度比空气小，因此烟气会自然上升；同时烟囱较高，烟气排出后能迅速扩散，带动烟囱内烟气上升，从而形成抽力。

17. 什么是自然通风加热炉？

答：利用烟囱的抽力吸入燃料燃烧所需空气，并将烟气排出的加热炉称为自然通风加热炉。

18. 什么是强制通风加热炉？

答：利用风机将燃料燃烧所需的空气送入炉内的加热炉称为强制通风加热炉。主要用于烟囱容量不足、燃烧用空气不足、排烟量大、可燃瓦斯量大的场合或要提高燃烧效率的场合。

19. 什么是负压？加热炉炉膛负压通常为多少？

答：负压是设备或密封容器内的压力低于大气压力，即绝对压力小于1个大气压。加热炉炉膛负压通常在 $-3 \sim -1 mmH_2O$。

20. 有哪些烟气余热回收方式？

答：常用的烟气余热回收可以通过以下方式。（1）采用热油式空气预热器；（2）利用热载体预热空气；（3）设置余热锅炉；（4）采用回转式空气预热器；（5）采用热管式空气预热器。

21. 空气预热器的作用是什么？

答：空气预热器是提高加热炉热效率的重要设备，它的作用是回收利用烟气余热，减少排烟带走的热量损失，减少加热炉的燃料消耗。同时，还有助于实现风量自动控制，使加热炉在合适的空气过剩系数范围内运行，减少烟气量，相应地减少排烟热损失，减少大气污染。采用空气预热器时需强制通风，整个燃烧器被封闭在风壳之内，降低了燃烧噪声。有利于高速湍流燃烧的高效新型燃烧器的应用，使炉内传热更趋均匀。

22．热管式空气预热器的原理是什么？

答：热管式空气预热器是利用封闭在管内的工作物质（如水）反复进行物理相变（液体——蒸汽，再由蒸汽——液体）及化学反应，将烟气的热量传递给冷空气的一种换热装置，由许多热管元件组成。

23．什么是实际空气用量？

答：在实际燃料燃烧过程中，由于空气与燃料混合的均匀程度不能达到理想状态，为使 1kg 燃料完全燃烧，实际空气所需量应比理论空气量稍多一些，即要过剩一些。该数值就是燃料的实际空气用量，单位为 kg/kg（空气/燃料）。

24．什么是理论空气用量？

答：燃料燃烧是一个完全氧化的过程。燃料由可燃元素碳、氢、硫等组成。1kg 碳、氢或硫在氧化反应中所需要的氧量不同，其理论值分别为 2.67kg、8kg 和 1kg，供燃料用的氧气来自空气。因空气中含氧量是一个常数（21%），因此可以根据燃料组成，计算出燃料的空气用量理论值，这就是燃料燃烧的理论空气用量，单位为 kg/kg（空气/燃料）。

25．什么是过剩空气系数？

答：燃料燃烧时实际空气用量与理论空气用量的比值称为过剩空气系数。过剩空气系数是影响加热炉性能（特别是全炉热效率）的一项重要指标。(1) 过剩空气系数太小，空气供应量不足，燃料不能充分燃烧，浪费燃料，炉子效率低；(2) 过剩空气系数太大，入炉空气量过多，相对降低了炉膛温度和影响传热效果，同时使烟气从烟囱带走的热损失增加，效率降低。

一般推荐的过剩空气系数：自然通风条件下，辐射室为 1.15～1.25，对流室为 1.20～1.30；强制通风条件下，辐射室为 1.10～1.15，对流室为 1.15～1.20。

26．过剩空气系数受什么因素影响？

答：燃料性质、燃烧器的性能、炉体的密封性和加热炉的测控水平都会影响过剩空气系数。

加热炉的排烟温度一定时，过剩空气系数大，则烟气量大，通过烟气带走的热量就多，这样加热炉损失的能量就越大，炉效率下降；此外，烟气中含氧气太多，容易腐蚀烟囱，同时与硫、氮反应生成二氧化硫及二氧化氮等污染环境。

27. 入炉空气量对操作有什么影响？

答：燃料进炉量一定，燃料燃烧所需氧气量也一定，为了使燃料完全燃烧，一般总是让进炉的空气过剩一些，但空气量过大，大量冷空气进入炉内，会降低炉膛温度，影响传热，另外由于氧含量过剩容易引起炉管氧化脱皮。进炉空气量过小，燃料因氧不足而燃烧不完全，火焰发红、发暗。进炉空气量是由风门和烟道挡板共同调节的。

28. 什么是高发热值和低发热值？

答：单位质量燃料完全燃烧后生成的水呈气态时所放出的热量为低发热值。单位质量燃料完全燃烧后生成的水呈液态时所放出的热量为高发热值。

29. 什么是加热炉的热负荷？

答：加热炉的热负荷是在单位时间内，炉管内被加热的介质所吸收的总热量，常用单位是 kJ/h 或 kW。

30. 如何计算加热炉热效率？

答：加热炉的热效率是炉子有效利用的热量（即加热炉热负荷）与燃料燃烧所放出的总热量（一般为燃料的发热量）之比。当炉子的热负荷不变时，热效率越高，则燃料用量越少。

加热炉的热效率 = 有效吸热量 / 总放热量 × 100%

总放热量 = 燃料量 × 燃料低发热值

31. 如何提高加热炉热效率？

答：提高加热炉热效率的手段如下。（1）降低烟气出炉温度；（2）燃料燃烧充分完全；（3）尽量减少过剩空气，过剩空气系数应严格控制在 1.1～1.3 之间；（4）炉墙保温要良好，减少热损失；（5）及时对火嘴底部等泄漏部位进行堵漏；（6）加强炉用空气的预热，尽量降低炉膛温度；（7）控稳炉膛温度，避免局部过热。

32. 控制炉膛温度有什么意义？

答：炉膛温度即为烟气离开对流室入烟道的温度，是加热炉的重要工艺参数，炉膛温度高，辐射室内的传热量就大，炉出口温度就高。反之，传热量就小，炉出口温度就低。如果确定炉出口温度后，提高炉膛温度，即可提高装置处理量。但炉出口温度过高时，辐射管热强度增高，炉管结焦速度加快，入对流室的烟气温度增高，对流管易变形，易结焦被烧坏；影响加热炉的长周期的安全运转。炉膛温度的高低还影响燃烧和热效率的高低。

33. 什么是加热炉回火？

答：加热炉燃烧时，由于燃料气带油等各种原因使加热炉膛内的气体产生正压，出现火焰从炉膛内喷出或炉膛爆炸、炉体内耐火衬里脱落等现象，称为加热炉回火。

34. 对加热炉的炉墙外壁温度有什么要求？

答：为了减少加热炉辐射室及对流室的炉壁散热损失，要求加热炉的炉墙外壁温度不超过 80℃。

35. 什么是二次燃烧？

答：二次燃烧是炉膛未燃尽的燃料进入炉后部（烟道或对流段）发生的燃烧现象。

36. 加热炉为什么不允许冒黑烟？

答：（1）冒黑烟是燃烧过程缺氧、燃料燃烧不完全所致，有散离炭黑存在，影响加热炉的热辐射；（2）排到大气中，增加对大气的污染；（3）冒黑烟使炉管挂灰，影响炉管的传热效果；（4）增大燃料消耗，增大能耗。

37. 影响炉出口温度的主要因素有哪些？

答：（1）进料量的变化；（2）入炉压力的变化；（3）炉膛温度的变化；（4）注汽量的变化；（5）燃料气性质的变化。

38. 加热炉炉管结焦现象包括哪些？

答：（1）炉入口压力上升，压降增大；（2）炉膛温度上升，炉出口温度下降；（3）温度指示滞后；（4）炉管上出现油灰暗斑点。这些现象是由于炉管内的油品温度超过一定界限发生热裂解，变成游离碳，堆积到管内壁上所致。

39. 哪些原因会造成炉管结焦？

答：(1) 炉管受热不均匀，局部过热，炉出口温度过高；(2) 进料泵抽空或进料量大幅度波动，造成炉温度波动大；(3) 原料含硫、盐或其他杂质多或易分解；(4) 烧焦不彻底，留有老焦；(5) 注汽量小或中断；(6) 后路不畅通或焦炭塔压力太高造成原料油流速慢；(7) 控制及指示仪表假象，造成判断错误。

40. "三门一板"和转油线指什么？

答："三门一板"是油门、气门、风门和烟道挡板。在实际操作中，加热炉的风门和烟道挡板要密切配合调节，保证一定的抽力，控制一定的过剩空气系数，提高热效率，延长加热炉管的使用寿命。转油线是常用来连通任意两个盘管管段的中间连接管线。

41. 水平管双面辐射炉有哪些特点？

答：反应加热炉一般均采用水平管双面辐射炉炉型。特点如下：(1) 操作弹性大。由于水平管比垂直管更容易得到环状流或雾状流流型，因此加热炉更容易适应多种工况条件下的操作。(2) 压降小。由于水平管双面辐射的平均热强度是单面辐射的1.5倍，其炉管水平长度只有单面辐射的0.66倍，在管内流速相同时，其压降仅为单面辐射的66%。(3) 设备投资少。加氢反应进料加热炉的炉管均采用TP321或TP347材质，炉管占全炉投资比例的 40% 以上，炉管缩短重量变轻，节省投资。

42．如何调节循环氢压缩机的转速？

答：通过调节调节机出口压力来改变循环氢压缩机的转速，出口压力越高则转速越大。调节出口压力有自动和软手动两种，在操作较平稳时投自动状态，通过改变给定值来调节转速；当操作波动较大时，为了防止汽轮机波动或超速，应改手动控制，通过改变风压的输出值来调节汽轮机的入口蒸汽量，从而达到改变转速的目的。

43．高压换热器密封结构的特点是什么？

答：高压换热器采用螺纹锁紧环式密封结构。有以下特点：

（1）密封可靠性好。由内压引起的轴向力通过管箱盖和螺纹锁紧环而由管箱本体来承受，加给密封垫片的压力较小，使螺栓变小便于拧紧，很容易发挥密封效果；如果发现管、壳程间泄漏，利用外部的辅助紧固螺栓进行再紧就可以克服泄漏；壳体和管箱焊接为一体，没有大法兰连接，换热器开口接管可以与配管直接焊接，最大限度地减少泄漏点。

（2）拆装方便。螺栓小易于拆装，拆装管束不和配管发生关系，不用移动壳体，可节省劳动力和时间；可利用专用的拆装架，使拆装作业顺利进行。

(3) 金属耗量少。没有大法兰，紧固螺栓小，接管与配管连接处也省去许多管法兰，降低了金属耗量；壳程开口接管可设置在尽可能靠近管板的地方。

44. 冷换设备开工和停工时步骤有什么不同？

答：冷换设备遵循"开工先冷后热，停工先热后冷"，即开工一般顺序为冷却器要先进冷水，换热器要先进冷物料。这是由于若先进热油会造成各部件热胀，后进冷介质会使各部件急剧收缩，这种温差压力可能使静密封泄漏，因此开工时不允许先进热物料。反之，停工时要先停热物料后停冷物料。

45. 换热器在使用中有哪些注意事项？

答：(1) 换热器在新安装或检修完工之后必须进行试压合格后才能使用。(2) 换热器在开工时要先通冷流后通热流，在停工时要先停热流后停冷流。(3) 启用过程中，冷却水排气阀应保持打开状态，以便排出全部空气，启用结束后应关闭。(4) 如果通过的是烃类或易燃物（如氢气），投用前应用氮气置换换热器中的空气，以避免爆炸的可能性。(5) 蒸汽加热器或换热器停工吹扫时，引汽前必须切净冷凝水，并慢慢通汽，防止水击。把换热器另一侧的放空阀打开，以免憋压损坏，停用换热器时，应打开排气阀及疏水器，防止冷却形成真空损坏设备。(6) 要经常检查防止泄漏。

46. 加氢精制多采用哪种反应器？

答：加氢精制多采用固定床绝热反应器，反应物沿轴向自上而下流经催化剂床层，床层同外界无热交换。

47. 加氢反应器应满足哪些要求？

答：加氢反应器的设计和材料选择需要综合考虑腐蚀性、流体分布、热管理、压力和温度控制等因素，以确保其在极端条件下稳定运行。

加氢反应器需要满足以下详细要求：

(1) 耐腐蚀。由于加氢反应器在高温高压下工作，物料中可能含有硫和氮等杂质，这些杂质会与氢反应生成具有腐蚀性的硫化氢和氨，因此反应器材料需要具有耐腐蚀性。

(2) 保证反应物料均匀分布。气、液流体的均匀分布可以确保油气良好接触，从而提高反应效率和产品质量。

(3) 及时排除反应热。加氢过程是放热过程，需要及时排除反应热，避免床层温度局部过高，保护催化剂并延长其寿命。

(4) 合理设计压力降。在保证物料均匀分布的基础上，合理设计压力降可以防止催化剂破碎，保证反应器的稳定性。

(5) 材料选择。根据工作条件和介质性质选择适当的材料，如高强度钢、合金钢和不锈钢等，特别是内壁堆焊层需要抗高温、抗 H_2+H_2S 腐蚀。

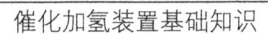

48. 什么是固定床反应器？

答：固定床反应器又称为填充床反应器，是装填有固体催化剂或固体反应物用以实现多相反应过程的一种反应器。固体通常呈颗粒状，粒径为 2～15mm，堆积成一定高度（或厚度）的床层，床层静止不动，流体通过床层进行反应。固定床反应器与流化床反应器及移动床反应器的区别在于固体颗粒处于静止状态，主要用于实现气固相催化反应。固定床反应器分为轴向绝热式固定床反应器、径向绝热式固定床反应器和列管式固定床反应器 3 类。几种典型的固定床反应器如图 5-1 所示。

49. 固定床加氢反应器内部结构由几部分组成？

答：固定床加氢反应器内部结构示意如图 5-2 所示，由入口扩散器（或分散器）、液（流）体分布板（泡罩盘）、筒式滤油器（或称积垢篮）、催化剂床层支件、急冷箱（冷氢箱）和再分布板以及反应器出口集流器组成。

50. 反应器入口扩散器的作用是什么？

答：（1）将进入反应器的油气介质扩散到反应器的整个截面上。

（2）消除气、液介质对顶分配盘的垂直冲击，为分配盘的稳定工作创造条件。

（3）通过扰动促使气液两相混合。

(a) 轴向绝热式固定床反应器

(b) 径向绝热式固定床反应器

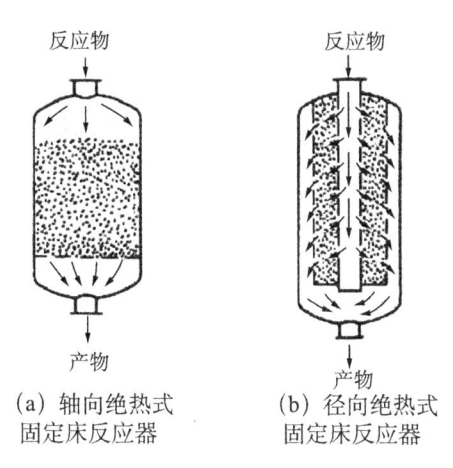

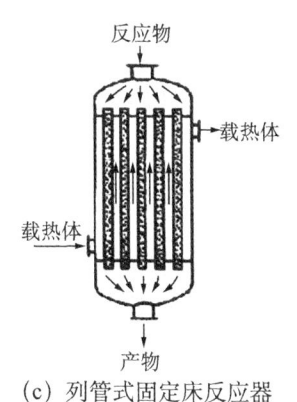

(c) 列管式固定床反应器

图 5-1　固定床反应器

51. 固定床反应器有哪些优点？

答：(1) 返混小，流体同催化剂可进行有效接触，当反应伴有串联副反应时可得较高选择性。

(2) 催化剂机械损耗小。

(3) 结构简单。

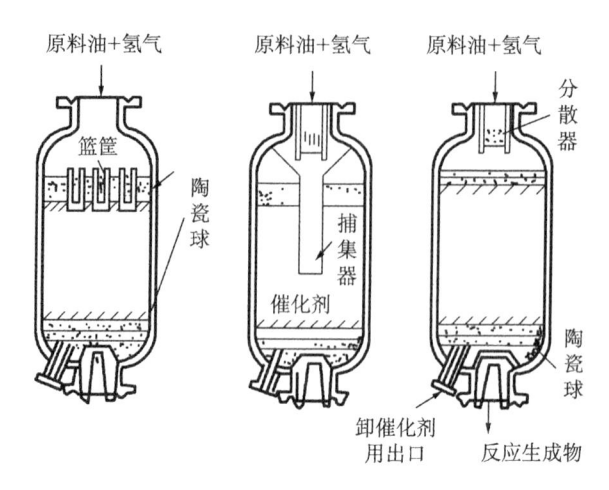

图 5-2　固定床加氢反应器内部结构示意图

52．固定床反应器有哪些缺点？

答：(1) 传热差，反应放热量很大时，即使是列管式反应器也可能出现飞温。

(2) 操作过程中不能更换催化剂，催化剂需要频繁再生的反应一般不宜使用固定床反应器，常使用流化床反应器或移动床反应器。

53．什么是沸腾床？

答：沸腾床与固定床最大的区别在于反应器系统和催化剂加入、卸出系统。沸腾床指的是装在反应器内的固体催化剂处于不规则的运动状态，依靠气相和液相物流自下而上的流动维持沸腾状态，使三者达到较充分接触。气相和液相被特殊设计的分布板和格栅板均匀分布，反应器顶部设有专门的循环杯用于分离气体和液体。沸腾床反应器操作压降较小且处于返混状态，因此整个床层近乎等温，由于新鲜催化剂可以连续加入而平衡催化剂可方便抽出，从而维持较高活性，理论操作周期较长；可以处理高金属、高沥青质、高残炭值的劣质渣油原料。图 5-3 所示为 H-oil 沸腾床反应器示意图。

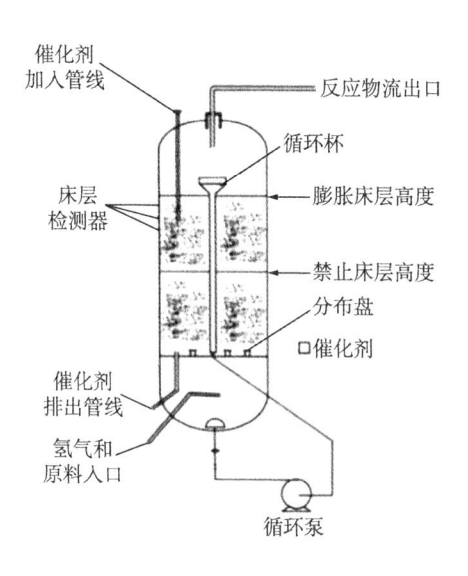

图 5-3　H-oil 沸腾床反应器示意图

54. 沸腾床反应器有哪些优点？

答：(1) 流体与颗粒状固体物料之间的接触面积增加，促进传质传热的进行，大大提高了生产强度。(2) 床层外处于运动的状态，可保持温度均匀，避免局部过热。(3) 反应后的颗粒，可以从床中移出以加热其他物料，再重返床中，既能控制床的温度，又能更好地利用热量。(4)流动的颗粒，容易加入或取出而不影响反应的进行，可使过程连续化，或使催化反应和催化剂再生连续进行。(5)床内可不用或少用热交换装置，使设备结构简化，流体阻力和压力降减小。

55. 沸腾床反应器有哪些缺点？

答：(1)颗粒与流体同向流动时，过程的推动力不均匀；逆向流动时，需要比较复杂的设备。(2)操作条件要求比较严格，较难掌握和控制。(3)床不能太高，否则会限制接触时间，影响转化率。(4)颗粒在运动中相互撞击，容易粉碎，同时对器壁摩擦，容易使器壁磨损。(5)反应后出口的气体含有粉尘，需要净制设备，同时难免有部分粉尘损失。

56. 什么是悬浮床反应器？

答：悬浮床反应器是催化剂悬浮于液相中，且随着反应产物一起从反应器顶部流出的反应器。由于无催化剂床层，悬浮床加氢反应器可选用合理的内部构造（如内环流）来强化气液传质。通常为了制造简单，悬浮床反应器采用空筒式结构，但需要将渣油原料与氢气预先混合，并通过多重气液分布器来促使氢气在渣油中达到溶解平衡。

57. 精馏的原理是什么？

答：精馏塔进料中的各组分存在不同的挥发度（具有不同沸点），在提供回流、塔板间存在温度差和浓度差的条件下，组分通过塔板的气液相多次逆向接触，进行相与相之间的传热传质，轻组分优先汽化，重组分优先冷凝，从而在塔顶和塔底分离出轻组分和重组分，混合物中各组分实现有效地分离。

58. 精馏有哪些必要条件？

答：(1) 接触的气液两相必须存在温度差和浓度差。(2) 必须具备液相回流和气相回流。(3) 必须提供气、液两相密切接触的设施——塔板或填料。

59. 精馏塔各部位的名称是什么？

答：精馏塔进料段是原料油入塔部位；精馏塔进料段以上至塔顶称为精馏段；精馏塔进料段以下至塔底称为提馏段。

60. 什么是塔板效率？

答：塔板效率=(实际塔板数/理论塔板数)×100%。
塔板效率指实际塔板的分离效果接近理论塔板的程度，它的数值总是小于1。其中理论塔板指离开塔板的气液两相互成平衡的塔板，即假设气相、液相在一块理论塔板上接触充分、传质完全，当气、液离开该板时，两相达到相平衡状态。

61. 精馏塔进料有几种热状态？

答：精馏塔进料有温度低于泡点的冷液体、泡点下的饱和液体、温度介于泡点和露点之间的气液混合物、露点下的饱和蒸汽和温度高于露点的过热蒸汽5种热状态。

62. 塔内回流的作用是什么?

答:塔内回流的作用一是提供塔板上的液相回流,造成汽液两相充分接触,达到传热、传质的目的。二是带走塔内多余的热量,维持全塔热量平衡,以利于控制产品质量。

63. 按取热方式不同回流分为几种?

答:按取热方式不同,回流可分为冷回流、热回流和循环回流3种。将部分塔顶产品以过冷液体的状态打入塔顶,用以控制塔顶温度的回流方式称为冷回流。将塔顶产品冷凝到和塔顶温度相同的液体作为回流液的方式称为热回流。将塔侧的部分液体抽出换热后返回塔内抽出板上一层或几层塔板的回流方式称为循环回流。

64. 回流比的大小对分馏效果有什么影响?

答:塔顶回流量与塔顶产品量之比称为回流比。回流比的大小根据各组分分离的难易程度(即相对挥发度的大小)以及对产品质量的要求而定。塔板数一定的情况下,回流比越大,分馏塔的分离效果越好,但塔顶冷却负荷增大,设备负荷增大,能耗增大;回流比越小,塔内气液之间传质传热效果差,分离效果差。因此应选择适宜的回流比。

65. 什么是中段回流？

答：在精馏塔操作中，从塔中部抽出一股物料经冷却后作为回流返回塔内，即称为中段回流。设置中段回流可以使塔内各部分气液相负荷趋于均匀，减少各部分负荷。

66. 中段回流有哪些优缺点？

答：中段回流的优点如下。(1) 改善了塔内负荷不均匀的现象。(2) 回收热能，减少热损失。(3) 降低塔顶冷凝冷却器的负荷。(4) 使用中段回流可提高设备的处理能力。(5) 可减少设计塔径。

中段回流的缺点如下。(1) 中段回流在抽出板之间主要起换热作用，则抽出板之间的塔板不能起到正常的精馏作用，如塔板数较少时，会影响分馏精确度。(2) 中段回流取出量过多时，会影响上部塔板的分馏精确度。

67. 什么是板式塔？

答：板式塔是一类用于气液或液液系统的分级接触传质设备，由圆筒形塔体和按一定间距水平装置在塔内的若干塔板组成。广泛应用于精馏和吸收，有些类型（如筛板塔）也用于萃取，还可作为反应器用于气液相反应过程。

以气液系统为例，操作时液体在重力作用下，自上而下依次流过各层塔板，至塔底排出；气体在压力差推动下,自下而上依次穿过各层塔板,至塔顶排出。每块塔板保持一定深度的液层,气体通过塔板分散到液层,进行相际接触传质。

68. 什么是液泛?

答:在生产过程中,若精馏塔内气相或液相的流量增大,使降液管内液体不能顺利下流,管内液体必然积累,当管内液体增高到越过溢流堰顶部时,使下层塔板的液体漫到上层,这种现象称为液泛,也称为淹塔。

69. 如何防止液泛现象?

答:当液泛开始时,塔的压降急剧上升,塔效率急剧下降,正常操作被打破。当气相量过大,使大量液滴从泡沫层中喷出到达上层塔板,冷凝回流后增大了降液管负荷及塔板压力降,便产生了液泛;当液体流量过大,使降液管面积不足,液体不能及时通过,降液管堵塞也会产生液泛。为防止液泛,应尽量加大降液管截面积(但这会减少塔板开孔面积);改进塔板结构,降低塔板压力降;控制液体回流量不宜太大。

70. 什么是雾沫夹带?

答:上升气流穿过塔板上液层时,将板上液体带入上层塔板的现象称为雾沫夹带。

大量的雾沫夹带会将不应上升到塔顶的重组分带到塔顶产品中,从而降低产品质量,同时也会降低传质过程中的浓度差，致使塔板效率下降。发生严重雾沫夹带时，主要表现在塔压增大，塔顶馏分中重组分含量升高，在塔顶采出气样，则可以看出明显的带液现象。

71. 什么是漏液？

答：当上升气体流速减小，气体通过升气孔道的动压不足以阻止板上液体经孔道流下时，便会出现漏液现象。

72. 塔板上气液如何接触？

答：（1）鼓泡。气速较小，气体以鼓泡的形式穿过塔板的液层。（2）泡沫。气速较高，气体以泡沫的形式穿过塔板的液层。（3）喷射。气速更高，气体穿过塔板的液层时，形成连续的气相。

73. 浮阀塔的工作原理是什么？

答：在浮阀塔上开有许多孔，每个孔上都装有一个阀，当没有上升气相时，浮阀闭合于塔板上，当有上升气相时，浮阀受气流冲击而向上开启，开度随气相量增加而增加，上升气相穿过阀孔，在浮阀片的作用下向水平方向分散，通过液体层鼓泡而出，使气液两相充分接触，达到理想的传热传质效果。

74. 如何表示塔板负荷性能？

答：以气液负荷为坐标，绘成负荷性能图（图5-4），给出了一定结构参数下塔板的稳定操作区域。（1）漏液线（气相负荷下限线）；(2) 雾沫夹带线（气相负荷上限线）；(3) 液相负荷下限线；(4) 液相负荷上限线（降液管超负荷线）；(5) 液泛线（淹塔线）。这5条线所包围的区域即为该塔的稳定操作区。由塔的实际气液负荷，确定操作点P，与圆点的连线OP即为操作线，该直线与稳定操作区边界线上有两个交点，其纵坐标值代表塔的气相负荷上下限。通常把气相负荷 V_{max} 及 V_{min} 之比称为操作弹性K，要求K=3～4。

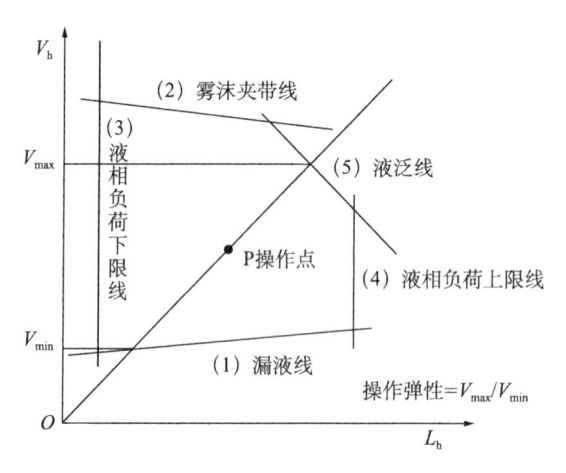

图5-4 塔板负荷性能图

L_h—液相负荷，m^3/h；V_{max}，V_{min}—气相负荷的最大值和最小值，m^3/h

75. 什么是填料塔？

答：填料塔又称填充塔，是以塔内的填料作为气液两相间接触构件的传质设备。填料塔内装填料，以散装填料或规整填料型式安装在底部的支承板上。气体从填料层底部被送入，液体在塔顶经分布器喷洒到填料层表面。填料塔是化工生产中常用的一类传质设备,广泛应用于气体吸收、蒸馏、萃取等操作。

76. 为什么有的填料塔会分段?

答:在填料层中液体有倾向塔壁流动的趋势,因此填料层较高时常将其分成数段,两段之间设立液体再分布器。液体在填料表面分散成薄膜,经填料间的缝隙下流,也可能成液滴落下。填料层的润湿表面就成为气、液接触的传质表面。

77. 填料塔有哪些优缺点?

答:填料塔具有生产能力大、分离效率高、压降小、持液量小、操作弹性大等优点。

填料塔也有一些不足之处,如填料造价高;当液体负荷较小时不能有效地润湿填料表面,使传质效率降低;不能直接用于有悬浮物或容易聚合的物料;不太适合侧线进料和出料等复杂精馏等。

78. 填料塔有哪些流体力学特性?

答:填料塔的流体力学性能主要包括填料层的持液量、填料层的压降、液泛等。

填料层的持液量指的是单位体积填料层内所积存的液体体积,以 m^3/m^3(液体/填料)表示。持液量不宜太小,也不宜太大。

填料层的压降是由从塔顶喷淋下来的液体,依靠重力在填料表面成膜状向下流动,上升气体与下降液膜的摩擦阻力形成的。压降与液体喷淋量及气速有关：一定的气速下，液体喷淋量越大，压降越大；一定的液体喷淋量下，气速越大，压降也越大。

填料塔内上升气流对液体所产生的曳力阻止液体下流，以致填料层空隙内大量积液，气体只能鼓泡上升，并将液体带出塔外的现象称为液泛。此时塔的压降随气速急剧上升，填料塔不能正常工作。液泛速度是填料塔能正常操作的极限气速，常根据它来确定塔的实际操作气速。

79．如何合理选用填料塔与板式塔？

答：对于许多逆流气液接触过程，填料塔和板式塔都可适用，设计者必须根据具体情况进行选用。了解填料塔和板式塔的不同点对于合理选用塔设备是有帮助的：

（1）填料塔操作范围较小，特别是对于液体负荷变化更为敏感。当液体负荷较小时，填料表面不能很好地润湿，传质效果急剧下降；当液体负荷过大时，容易产生液泛。设计良好的板式塔，具有大得多的操作范围。

（2）填料塔不宜处理易聚合或含有固体悬浮物的物料，而某些类型的板式塔（如大孔径筛板、泡罩塔等）则可以有效地处理这种物质。此外，板式塔的清洗也比填料塔方便。

（3）当气液接触过程中需要冷却以移除反应热或溶解热时，填料塔因涉及液体不均匀问题而使结构复杂化。板式塔可方便地在塔板上安装冷却盘管。同理，当有侧线出料时，填料塔也不如板式塔方便。

（4）板式塔的设计资料更容易得到而且更为可靠，因此板式塔的设计比较准确，安全系数可取得更小。

（5）当塔径不很大时，填料塔因结构简单而造价便宜；板式塔直径一般不小于 0.6m。

（6）对于易起泡物系，填料塔更适合，因填料对泡沫有限制和破碎的作用。

（7）对于腐蚀性物系和热敏性物系，填料塔更适合。

80．什么是过汽化率？

答：过汽化率是过汽化油量与进料量之比。过汽化油量是分馏塔内从进料段上方第一块塔盘流到塔底的内回流油量。维持适当的过汽化油量是保证进料段上方最下侧线油品质量所必需的。过汽化油量太少，则最下侧线抽出口下方各塔板的液气比太小，甚至成为干板，失去分馏能力，使最下侧线的油品质量不合格。过汽化油量太多，则不必要地提高了塔进料段温度，增加了炉子负荷，浪费能源。

81．怎样计算过汽化率？降低塔的过汽化率的主要措施是什么？

答：维持适当的过汽化油量是保证进料段上方最下侧线油品质量所必需的。在进料段上方设集油箱，把过汽化油引出塔外，测量它的流量后即可计算过汽化率；

或根据塔的物料平衡和热量平衡，计算实际过汽化率。

过汽化油量过多会导致能源浪费和设备负荷增加。降低进塔温度或炉出口温度可以减少油料在塔内的汽化量，从而降低过汽化率。减少塔底汽提蒸汽量也是降低过汽化率的有效方法，因为汽提蒸汽主要用于提高塔内轻组分的挥发，减少其用量可以降低汽化量。此外，调整塔内压力也可以影响汽化过程，适当的压力控制有助于维持稳定的操作条件，从而减少过汽化现象。

82．如何确定分馏塔的塔顶温度？

答：塔顶温度为塔顶产品在其本身油气分压下的露点温度。塔顶馏出物包括塔顶产品、塔顶回流油气以及不凝气和水蒸气。如果能准确知道不凝气量，在塔顶压力一定的条件下很容易求得塔顶产品及回流总和的油气分压，进一步求得塔顶温度（当塔顶不凝气很少时，可忽略不计）。

在确定塔顶温度时，应同时检验塔顶水蒸气是否会冷凝。若水蒸气分压高于塔顶温度下水的饱和蒸气压，则水蒸气就会冷凝，造成塔顶、顶部塔板和塔顶挥发线的露点腐蚀，并且容易产生上部塔板上的水暴沸，造成冲塔、液泛。此时应考虑减少汽提水蒸气量或降低塔的操作压力。

83．分馏塔顶压力变化对产品质量有什么影响？

答：分馏塔顶压力升高时，油品汽化量降低，塔顶及其各侧线产品变轻；分馏塔顶压力降低时，塔顶及其各侧线产品变重。在塔顶温度不变条件下，压力升高，各侧线收率有所下降。

84. 为什么要控制分馏塔底温度？

答：分馏塔底温度衡量物料在该塔的蒸发量大小。分馏塔底温度高时，蒸发量大，温度过高甚至造成携带现象，使侧线产品干点偏高，颜色变深；分馏塔底温度低时，合理组分不能蒸发，产品质量轻，也影响了各侧线质量，以及塔底设备负荷。

85. 汽提塔有哪几种汽提方式？

答：汽提塔对侧线产品采用蒸汽或热虹吸的办法，以除去侧线产品中的低沸点组分，使产品的闪点和馏程符合质量要求。最常用的汽提方法分两种：(1) 采用温度比侧线抽出温度高的水蒸气进行直接汽提，汽提塔顶的气体则返回侧线抽出层的气相部位；(2) 采用热虹吸重沸器进行间接汽提，由于喷气燃料的水含量有严格限制，这样可以避免水蒸气混入产品，以免增大常压塔和塔顶冷凝器的负荷及污水量。

86. 什么是泵的流量？

答：泵在单位时间内排出液体的量称为泵的流量，由制造厂实际测定。流量可分为质量流量和体积流量两种，质量流量是单位时间内所通过的流体的质量，单位为 kg/s 或 t/h。体积流量是单位时间内所通过的流体体积，单位为 L/min 或 m³/h。

87．什么是泵的扬程？

答：单位质量的液体通过泵以后其能量的增加值称为泵的扬程，也称为泵的有效压头。它表示流体的压力能头、动能头和位能头的增加。计算公式为：

$$H = \frac{p_2 - p_1}{\rho g} + \frac{v_2^2 - v_1^2}{2g} + z_2 - z_1$$

式中 　H——扬程，m；
　　　　p_1，p_2——泵进出口处液体的压强，Pa；
　　　　v_1，v_2——流体在泵进出口处的流速，m/s；
　　　　z_1，z_2——进出口高度，m；
　　　　ρ——液体密度，kg/m³；
　　　　g——重力加速度，m/s²。

扬程是泵的重要工作性能参数，它表示泵对单位质量的液体所做的功，即泵能够把液体送到的高度。在实际应用中，泵的扬程会受管道阻力、局部阻力和沿程阻力的影响。

88．什么是泵的流速？

答：泵的流速是指在单位时间内流体所通过的距离，单位为 m/s。流体沿管流动时，由于流体和管壁之间有摩擦力，因此管内的有效截面上的液体质点在各点的流速并不相同。在有效横断面上，液体质点的流速随其位置而变化，和管壁相接触的液体质点的速度等于零，越靠近管内中心处，流速越大，而沿着管内中心流动的液体质点其速度最大。平常所指的液体在管内的流速仅仅是平均流速。液体在管内的流速受到黏度影响，黏度大时流速则降低；黏度小时，流速则增加。

89. 离心泵发生汽蚀时会造成什么不良影响？

答：当离心泵发生汽蚀时，可以听到泵内发出噪声，汽蚀剧烈时，泵体会振动。汽蚀会造成泵流量减少，能量损失增加，压力不够，甚至泵抽空，造成强烈的噪声和泵的不平稳运行，此外，由于气泡在压力升高时突然崩溃，流体猛烈撞击壁面造成机械锤击作用，会对材料逐渐发生侵蚀。叶轮是受汽蚀影响最大的零件，当发生汽蚀时，金属材料表面会逐渐产生许多小麻点，继而不断扩大呈蜂窝状、沟槽状，严重时会形成穿孔，甚至造成叶轮的断裂，严重影响泵的使用寿命。

90. 防止离心泵出现汽蚀现象的方法有哪些？

答：(1) 吸入管直径变化率要小，尽量减少吸入管的阻力损失；(2) 按泵的设计条件操作泵；(3) 减少泵入口处的阻力损失；(4) 泵的吸入高度应按规定的数值选择。

91. 离心泵抽空有什么危害？

答：离心泵抽空从操作上讲，因压力、流量的降低，会使操作难以平稳。从设备上讲，离心泵抽空会在叶轮入口处靠近前盖板和叶片入口附近出现麻点或破坏蜂窝状；会破坏原有的轴向力平衡，使轴承承受冲击力；容易导致机械密封失效；振动增大，可能损坏泵内部件。严重时，还会导致轴承、密封元件磨损，使端面密封泄漏或抱轴、断轴等。

92. 离心泵出口管线单向阀有几种型式？

答：离心泵出口管线上安装单向阀是为了防止液体返回泵，防止泵倒转。单向阀有两种：一种是升降式单向阀，适于水平地安装在管路上；另一种是旋启式单向阀，可以装在水平、垂直、倾斜的管路上（如装在垂直管线上，介质流向应由下至上）。

93. 如何调节离心泵的流量？

答：通过改变管路特性（即调节出口阀开度）或改变离心泵的特性（即改变叶轮转速和直径）的方法来调节离心泵的流量。若采用关小泵的进口阀的方法来调节以减少流量，可能发生汽蚀现象。

94. 怎样区别各种类型泵？

答：(1) 按原理可分为容积泵、离心泵、叶片泵、喷射泵等。容积泵是依靠工作室容积的改变来输送液体的泵，例如，往复泵、转子泵、螺杆泵、齿轮泵等。叶片泵是依靠叶轮的旋转来输送液体的泵，例如，离心泵、轴流泵等。喷射泵是依靠工作液体的能量来输送另一种液体，例如，喷射泵、扬水器等。

（2）按输送介质可分为水泵、油泵、酸泵、碱泵。

（3）按轴的安装位置可分为立式泵、卧式泵。

（4）按输送介质的温度可分为冷介质泵、热介质泵。

（5）按叶轮级数可分为单级泵、双级泵、多级泵。

（6）按叶轮进料方式可分为单吸式、双吸式。

（7）按泵壳接缝方式可分为水平中开式、垂直分段式。

95. 什么是离心式压缩机？

答：离心式压缩机是一种叶片旋转式压缩机。在离心式压缩机中，高速旋转的叶轮给气体的离心力作用，以及在扩压器内的扩压作用，使气体压力得到提高。其排气压力大于 0.2MPa。离心式压缩机包括流量、压缩比、转速、效率、功率 5 个性能参数。

96. 离心式压缩机有哪些优缺点？

答：离心式压缩机的优点如下。

（1）离心式压缩机的气量大，结构简单紧凑，重量轻，机组尺寸小，占地面积小，运转平稳，操作可靠，摩擦件少，因而备件需用量少，维修费用及人员少。

（2）离心式压缩机对化工介质可以做到绝对无油的

压缩过程。

(3) 离心式压缩机是一种回转运动的机器，它适宜用工业汽轮机或燃气轮机直接驱动。对一般类型化工厂，常用副产蒸汽驱动工业汽轮机作动力，为热能综合利用提供了可能。

离心式压缩机也存在一些缺点。

(1) 目前还不适用于气量太小及压缩比过高的场合。

(2) 离心式压缩机的稳定工况区较窄，其气量调节虽较方便，但经济性较差。

(3) 离心式压缩机效率一般比活塞式压缩机低。

97．什么是离心式压缩机特性曲线？

答：离心式压缩机在每个转速下都有一定对应的特性曲线；有最大流量限制、最小流量限制、喘振边界线和稳定工作区。同转速下，流量减少，压头升高且有一个喘振流量；同流量下，转速提高，压力升高。

98．离心式压缩机的转子由哪些零件组成？

答：转子是离心式压缩机的主要部件，它由主轴以及套在轴上的叶轮、平衡盘、推力盘、联轴器和卡环等组成。

叶轮是离心式压缩机的核心部件之一，通常由片状叶片组成，叶片的数量决定了叶轮的效率，而叶片的形状也直接影响压缩机的性能。叶轮作高速的旋转，由于受旋转离心力的作用，以及在叶轮里的扩压流动，使气体通过叶轮后的压力得到了提高，压缩后的气体被输送到下一级叶轮或者输出。

主轴上安装所有的旋转零件，它的作用就是支持旋转零件及传递扭矩。主轴的轴线确定了各旋转零件的几何轴线。

平衡盘是利用两侧气体压力差来平衡轴向力的零件。它的一侧压力是末级叶轮轮盘间隙中的压力，另一侧通向大气或进气管。通过平衡盘只平衡一部分轴向力，剩余轴向力由止推轴承承受。在多级离心式压缩机中，通常平衡盘与平衡管配合使用。

99．离心式压缩机包括哪些静子元件？

答：静子中所有零件均不能转动。静子元件包括机壳、扩压器、弯道、回流器和蜗室，此外还有密封、支撑轴承和止推轴承等部件。

机壳也称为气缸，是静子中最大的部件。它通常是用铸铁或铸钢浇铸出来的。对于高压离心式压缩机，都采用圆筒形锻钢机壳，以承受高压。

蜗室的主要目的是把扩压器后面或叶轮后面的气体汇集起来，把气体引到压缩机外面去，使它流向气体输送管道或流到冷却器进行冷却。此外，在汇集气体的过程中，在大多数情况下，由于蜗室外径的逐渐增大和通流截面的渐渐扩大，也使气流得到一定的降速扩压。

回流器的作用是使气流按所需的方向均匀地进入

下一级，它由隔板和导流叶片组成。通常，隔板和导流叶片整体铸造在一起、隔板靠销钉或外缘凸肩与机壳定位。

气体从叶轮流出时，它仍具有较高的流动速度，为了充分利用这部分速度能，以提高气体的压力，在叶轮后面设置了流通面积逐渐扩大的扩压器。扩压器一般分为无叶片型、叶片型和直壁型等多种形式。

100．离心式压缩机发生喘振的特征是什么？

答：(1)流量和排出压力出现周期性波动；(2)出现周期性的气流吼叫声；(3)压缩机的轴振动急剧上升。

101．引起离心式压缩机喘振的原因是什么？

答：(1)压缩机实际运行流量小于喘振流量。如生产降量过多、吸入气源不足、入口过滤器堵塞、管道阻力增加、叶轮通道或气流通道堵塞等。(2)压缩机出口压力低于管网压力。如管网压力增加、进气压力过低、进气温度或气体分子量变化太大、压缩机转速变化太快、升压速度过快过猛、管路逆止阀失灵等。

102．什么是往复式压缩机？

答：往复式压缩机是通过气缸内活塞或隔膜的往复运动使缸体容积周期变化并实现气体的增压和输送的一种压缩机。属于容积型压缩机，根据往复运动的构件分为活塞式压缩机和隔膜式压缩机。

103．什么是往复式压缩机的名义压缩比？

答：压缩机各缸出口压力（绝压）与入口压力（绝压）之比称为该缸的名义压缩比。

104．往复式压缩机为何要设立分液罐？

答：往复式压缩机设立分液罐是为了将冷凝液及时从系统中分离出来，避免液体进入气缸造成液击。

105．往复式压缩机活塞与活塞杆的连接方式有哪几种？

答：往复式压缩机活塞与活塞杆的连接方式有圆柱凸肩连接和锥面连接两种。

106．活塞式压缩机有哪些优缺点？

答：与其他型式压缩机相比，活塞式压缩机的优点包括压力范围广且从低压到高压都适用、效率高、适应性强、排气量可在较大范围内变化、气体的密度对压缩机性能的影响也没有离心式压缩机那样敏感。缺点包括外形及重量大、易损件较多、排气不连续、气流有脉动。

107．往复机常用哪几种形式填料函？

答：填料函的作用是用来密封活塞杆与气缸间的泄漏，防止气缸内气体漏出及阻止空气进入缸内。填料函常用的两种形式是平面填料函与锥面填料函。

108. 汽轮机的工作原理是什么？

答：进入汽轮机的具有一定压力和温度的蒸汽，流过由喷嘴、静叶片和动叶片组成的蒸汽通道时，蒸汽发生膨胀，从而获得很高的速度，高速流动的蒸汽冲动汽轮机的动叶片，使它带动汽轮机转子按一定的速度均匀转动。

109. 汽轮机可分为哪几类？

答：汽轮机按热力学过程不同，可分为凝汽式（排气压力低于大气压力）和背压式（排气压力高于大气压力）。

汽轮机按工作原理不同，可分为冲动式（蒸汽主要在喷嘴内膨胀）和反动式（蒸汽在静叶栅与动叶栅内膨胀）。

110. 汽轮机结构由哪几部分组成？

答：汽轮机结构由转动部分、固定部分和控制部分组成。

（1）转动部分由主轴、叶轮、轴封套和安装在叶轮上的动叶片等组成。

（2）固定部分由汽缸、隔板、喷嘴、静叶片、汽封和轴封等组成。

（3）控制部分由调节装置、保护装置和油系统等组成。

111. 汽轮机轴封的作用是什么？

答：汽轮机轴封的作用是防止高压汽缸的蒸汽大量顺轴漏出，以及防止低压汽缸真空部分空气顺轴大量漏入。

112. 汽轮机调速器的作用是什么？

答：当汽轮机改变工况时，调速器感受到转速变化的信号，从而自动调节通过汽轮机的蒸汽流量，保持转速近似不变。

113. 什么是汽轮机调速系统的静态特性曲线？

答：调速系统的静态特性是汽轮机在孤立运行时其负荷与转速之间的关系，以负荷为横坐标，转速为纵坐标，就得到调速系统的静态特性曲线。静态特性曲线为一条下降的曲线，中间不应有水平部分，曲线两端应较陡。

114. 什么是汽轮机转子的惰走？

答：当蒸汽停止进入汽轮机后，机组的转子由于转动惯性不能马上停止，将继续转动一段时间，从停蒸汽到转子停止，这段转动称为惰走。

参 考 文 献

[1] 徐春明，杨朝合. 石油炼制工程 [M].5 版. 北京：石油工业出版社，2022.

[2] 金德浩，刘建晖，申涛. 加氢裂化装置技术问答 [M]. 北京：中国石化出版社，2005.

[3] 杨朝合，山红红. 石油加工概论 [M].2 版. 东营：中国石油大学出版社，2013.

[4] 李大东. 加氢处理工艺与工程 [M]. 北京：中国石化出版社，2004.

[5] 李阳初，刘雪暖. 石油化学工程原理 [M]. 北京：中国石化出版社，2008.